——你不勇敢,没人替你坚强
——风光背后,都是无尽沧桑

世界如此复杂
你要内心强大

周小渔 著

武汉出版社
WUHAN PUBLISHING HOUSE

（鄂）新登字08号

图书在版编目（CIP）数据

世界如此复杂，你要内心强大 / 周小渔著. -- 武汉：武汉出版社，2015.9
ISBN 978-7-5430-9349-2

Ⅰ.①世… Ⅱ.①周… Ⅲ.①成功心理—通俗读物 Ⅳ.①B848.4-49

中国版本图书馆CIP数据核字（2015）第164629号

世界如此复杂，你要内心强大

著　　者：周小渔
本书策划：李异鸣
责任编辑：张人骅
特约编辑：周乔蒙
封面设计：仙境设计
出　　版：武汉出版社
社　　址：武汉市江汉区新华路490号　　邮编：430015
电　　话：（027）85606403 85600625
http://www.whcbs.com　　E-mail:zbs@whcbs.com
印　　刷：北京市文林印务有限公司　　经　销：新华书店
开　　本：720mm×1000mm　　1/32
印　　张：8　　字　数：181千字
版　　次：2015年9月第1版　2015年9月第1次印刷
定　　价：32.80元

版权所有・侵权必究
如有质量问题，由承印厂负责调换。

世界如此复杂，你要内心强大

目 录

第一章

你的内心是否足够强大？

人，需要一颗强大的心脏	002
强大的内心促进与人交流	008
心理强大的标准	010
每个人的内心都有一道坎	016
是什么在操纵我们？	020
简单的玩具，不简单的价值	026

第二章

弱小的内心让人所得无几

内心弱小的人更卑微	032
内心弱小的人容易被击倒	036
心理与年龄是两条没有交叉点的直线	041
内心不够强大容易一叶障目	046
内心弱小的人无法获得自己想要的	050
拥有心理优势才能感觉到自己强大	053

第三章
消除导致内心不够强大的因素

优柔寡断是心理弱小的体现	060
虚荣心让人失去最美丽的亮点	064
害怕寂寞的人是被宠坏的孩子	069
不自信是心理强大的绊脚石	074
急功近利是这个时代的浮躁病	078
知识的匮乏无法撑起内心的强大	082
自私是脚踝上的枷锁	087
拖拉是恐惧感最直观的体现	092

第四章
确认自我的存在及存在的价值

角色定位,脱掉衣服大家都是动物	098
要建立强大内心就要打破世俗	105
别让情绪左右自己的行为	107
念旧世俗的人永远达不到制高点	112
找准自己的定位	117

第五章
不要被群体的认同感所左右

社会群体并不需要存在一个领袖	124
求同心理让人们交出了自我	129
破除集体认同感	134
情绪的传染离不开人的认同焦虑	138
内心强大的敌人是"假自我"	142
阻止他人的语言和行为进入你的内心	147
了解自我才能正确地估量	152

第六章
消除内心对事物追逐的确定性

寻求确定性是人的天性	158
不要害怕没有确定性	162
知识可以用来消除不确定性	167
强大的内心需要一些"不确定"	171
如何克服"不确定性"	176
适当的锻炼能让内心强大	179

第七章
克服内心的恐惧

克服恐惧强化心理素质	186
敢于直视面临的恐惧	190
认清自我才能正确地克服内心恐惧	194
将内心的恐惧具体化	198
不惧死亡才能不惧一切	203
吼出你的恐惧情绪	207
正确的人生让人放下恐惧	212

第八章
内心强大的素质训练

从内心消除掉别人强大的错觉	218
不畏惧竞争才能内心强大	223
用认知改变心理结构	227
静坐常思的人遇事冷静	232
学会心理博弈	236
用自信的心态去观察一切	241

第一章
你的内心是否足够强大？

人，需要一颗强大的心脏

美国著名畅销书作家希尔顿在《消失的地平线》中写了这段话：

他感到自己从来不曾如此幸福，即使在战争以前的岁月。他喜欢香格里拉独具的宁静平和的环境，它那种深刻而奇异的理念抚慰了他的心灵；他也喜欢这里的人们所具有的深沉的情感世界和细腻婉转的表达方式。经历和感受的一切让康维明白，在这里，粗鲁无礼之人绝不会享有别人的忠诚和信任，拐弯抹角也绝不应该被当做虚伪的表现；他欣赏人们言谈之中那种风范以及轻松随意的气氛，这不仅仅是出于一种习惯，更是一种成就……

主人公康维半生奔波忙碌，游走于嫉妒、恐惧、虚伪、迷茫、不安、自卑、抑郁、躁狂……这一系列消极的情绪中，康维逐渐变得弱智化，在关键时刻无法保持理性，无法冷静，只能匆忙应对，从而犯下一些愚蠢的错误……直到他找到香格里拉。

康维的感情游走于嫉妒、恐惧、虚伪、迷茫、不安、自卑、抑郁、躁狂的消极情绪中，这一切都因为康维的心理很弱小，这导致他的

第一章 你的内心是否足够强大？

生存根基一直在动摇。生活的任何一次变动、残酷现实的每一次打击、他人的每一次伤害，都让康维感觉自己的心理世界风雨飘摇，在这种生活中，康维差点被吞没下去。

康维的这些消极情绪，嫉妒、恐惧、虚伪、迷茫、不安、自卑、抑郁、躁狂是不是时常伴随着我们，影响着我们的工作、生活？

如果答案是肯定的，这是因为我们没有能力去抵御外界对我们的心理操纵，甚至对外界对我们的心理操纵没有任何抵抗能力，比如，我们会被蚊子的嗡嗡声搅得心神不宁，我们会为一件棘手的工作焦虑不安，我们会为领导的一句批评而心灰意冷……

然而，这一切，都将会成为让我们事后觉得愚蠢并且后悔的错误。你是否意识到这一点？

不管你肯定抑或是否定，事实就在那里——你缺少一颗强大的内心。

这些犯的错误，不该成为事后让你反悔的原因，准确地说，根本不应该出现这样一件事——蚊子嗡嗡是在唱歌，你无法选择接受，完全可以忽略；工作棘手，焦虑不安只会暴露你的无能；领导的批评是"落后就要挨打"的警钟，他在提醒我们，我们可以做得更好，我们还可以提高。虽然不至于要为领导的批评唱赞歌，但也不至于因为批评乱了我们的心智……

面对困难，能笑出声来的人才能赢，才能走得更远。

美国著名的人际关系学大师、西方现代人际关系教育的奠基人戴尔·卡耐基说："做人最重要的第一素质不是手段，而是有一颗强大的'心脏'。"他说，人活着就是一场场跟合伙人、跟事业、跟生命的谈判，而谈判是双方相互妥协的艺术。这种妥协不是保守、不是消极，而是一种积极的进步。想实现这种妥协，需要手段，更需要一颗强大的内心去支撑这种手段。

这种相互妥协就是一条食物链，在这个链条中，你在心理上输了，你的手段就无法获得足够的支持力，手段便无从发挥。这个时候，你在食物链中就会处于劣势。当你失去赖以生存的手段时，你在世界中就输了。心理弱小者不仅难以避免自己被人在心理上吞噬，甚至有可能因为自己内心的弱小，而输掉整个人生。

一个人，分析起来，共有三种"心理"。

第一种心理是"动物性"。

人类的进化史已经证明，人是由动物进化而来，是由一种好斗心极强的动物进化而来的（最科学的一种说法，是说人是由古猿进化而来的）。进化的人类尽管已经与动物区别开来，但动物的劣根性还未完全消失。

人类为了生存，需要竞争，时而合作，时而分裂，没有永远的朋友，只有永远的利益。为了达到这个目的，它至今还保存着动物的习惯——在饥饿的时候，会袭击、伤害，甚至是破坏赖以生存的环境。

第二种心理是"社会性"。

单纯地依靠"动物的好斗心"，人类难以长久存在，也许根本不能延续到现在。为了生存，他们需要收敛、摈弃一部分属于动物的劣根性，建立在一种"双赢"的感情基础上，组成社会，以驯化"动物的感情"，这样人类才能有秩序地生活，持续不断地存在。

第三种心理，是"个人性"。

这是属于人类的一种特殊的感情，属于心灵的产物，对外界环境比较敏感。由于每一个人的生活阅历不尽相同，"个人性"也有着很大的不同，但感情因素中的喜、怒、哀、乐，属于维持和控制情绪的关键所在。

一个健全的人，他的心理是由上述的三种"心理"组成的。这时的人类，有着某种动物的特性，比如狗的忠诚、狼的残忍，但也有必须改变原始感情的需要，以符合人类社会的道德标准，如，不能侵占别人财产，不能伤害别人性命，这样才能够得到社会的承认。

人类已经把"动物性"驯化得很好，知道在感情中不能受"动物性"的支配，能够严格地按照道德和约定俗成的标准表达人类的感情。但在人类的内心里，"个人性"却得到宣扬和支配。

在个人的心理进化中，一些负面情绪也随之出现，比如：烦躁心理就属于不可摆脱的一部分。

根据心理层面的理解，烦躁心埋是人在某些情境下，情绪方面出现的低落、厌倦等消极状态，通常出现在以下几种比较典型的状态下：

1. 长时间重复同一动作、行为，做同一种事情，会因为机械性重复，心理烦躁，表现在情绪上就是一种烦躁状态。

比如，经常能够听到这样的声音："每天都是一成不变的工作内容，已经让我对人生失去了兴趣。"

2. 长时间处在同一种外部环境中，而这些环境的最主要部分从无改变。人在这样的环境中，会产生外界刺激停滞的错觉。

比如，婚姻生活中，每天都是一成不变的家庭生活，连以前热衷的性生活都变得索然寡味，对婚姻、爱情失去了应有的心跳。

3. 由于某种意外情况，内心受到刺激产生的自我保护心理应急反应。在这样的状态下，信息很难进入人的主观反映视野，情绪上就表现为抵触状态。

比如，在爱情方面受过伤害的人，如果不能摆正心态，就会把爱情看做洪水猛兽，唯恐避之不及，更不用说去积极地追求了。

这几种状态，不管是在什么情况下发生，都是一种消极的、不健康的心理状态和情绪。

心理上一旦出现消极的情绪，生活就会十分苦恼和不幸。

这些消极情绪让人们的生活充满苦恼，常常会让人神经衰弱、敏感、对一切毫无兴趣。想摆脱这种心理，非具备一颗强大的内心不可。

至于如何才能具备一颗强大的内心？这是写这本书的初衷。

以烦躁的心理为例，如何去消灭这种烦躁，请继续往下看：

狗最喜欢的食物是什么？

在大多数人的观念中，狗最喜欢的是肉和骨头。如果继续追问，肉和骨头比较起来，狗更喜欢吃什么？

你的答案可能是，狗更喜欢吃肉。

但事实却并非如此。

英国动物学家埃尔顿经过研究，发现骨头和肉比较起来，狗更青睐骨头。

第一次，将肉和骨头同时放在狗的面前，狗对肉只有三分钟的热度，三分钟过后，狗会对肉敬而远之，将精力放在骨头上面；

第二次，将肉和骨头同时放在狗的面前，狗将注意力全部放在骨头上，并乐此不疲地啃咬着，直到骨头被狗啃咬殆尽。此过程中，狗对肉连看都不愿意看一眼。

此后的几次试验，狗依旧对骨头感兴趣，这充分证明了"能让狗永远感兴趣的只有骨头"。

医治烦躁心理最好的办法是，首先必须完全明白烦躁产生的原因，从根本上去着手。

这里的良药就是"骨头"。

这根"骨头"，就是人们需要的强大心理的一个缩影。

每个人都需要这根"骨头"，需要一颗强大的内心。从今天起，做一个心理强大的人。

强大的内心促进与人交流

我的一个从海外归来的绅士朋友告诉我他在乘坐地铁时的感受。他说,在地铁里他没有安全感,呜呜的声音,很多乘客面如死灰,闭上眼睛不说话,偶尔身体会随着车厢的活动有节奏地摇动;有的乘客把对开的报纸伸到了别人的脸下面,专心致志时甚至把头也探过去;有人把胳膊往别人肩膀上一放,扭头去看窗外风景……就这样,两个男人因为"领地"问题发生武力冲突——在领土的纠纷上,没有谈判,只有战争。

朋友吸取教训,乘车的过程中,碰到别人时会迅速说"对不起",以此来逃避"领土纠纷"。但让朋友不理解的是,地铁司机的驾驶能力很差,短短的10分钟内自己冲撞了别人四次,出于化解纠纷的心理,他连说"对不起",结果身边的人以一种非常奇怪的目光看着他。

我笑着说:"在十分钟之内,对对方说'对不起'四次以上,会让对方直接崩溃。"

知道什么原因吗?

简单的解释,即弱小的内心容易受到外界环境的影响而随时发生波动。

换言之,一颗弱小的心让人们对自己所处的环境产生心理幻觉,说"对不起"的人内心不够弱小，屡次说"对不起"，如果对方内心不够强大，同样会崩溃。

一个人的内心像一个气球，内心强大的人，扩缩的范围就大，扩大的时候能够无边无际，缩小的尺寸也会超越常人。内心弱小的人，遇到所处的外界环境发生变化时，所表现出来的是缩小，无限制地缩小。

简单地说，在每个人的心中，都有这样一种本能的心理——保护自己无形的领地的心理。每个人在自己的潜意识里，都生活在一个"气球"里。不管是处于哪种环境中，周身都被一个看不见摸不着的"气球"包围着。很多时候，根本感觉不到它的存在。但是在某些时候，我们内心会感到不安、紧张，这就是有什么侵犯了"气球"。

用通俗的方法来解释，这种"气球"好比从领海基线量起12海里以内的宽度属于领海权，从身体以外开始的一部分距离同样被人划为自己的"领地"，这里的领地就属于"气球"。

再比如，在一所学校的阅览室内，当里面只有一位读者时，你走进去拿椅子坐在他或她的旁边。在一个只有两位读者的空旷的阅览室里，没有一个被试者能够忍受一个陌生人紧挨自己坐下。

当你紧挨着在他们的身边坐下后，他们会不由自主地以一种敌视的目光看着身边的这个陌生人。大多数人会选择默默地移到别处，甚至有些人会明确地表示反感，明确表示："你想干什么？"

这说明了人的心理容易受到外界环境的影响，这种影响不仅包括距离，还包括听觉、视觉，甚至嗅觉。比如，在一个公共场合中，有些人会对大嗓门讲电话的人表现出反感；在餐厅里，有些人会对吃饭时交谈甚欢的人表示强烈的不满。这些通过听觉产生的排斥心理，同样是因为内心受到影响的缘故。

相反，如果两个人是情侣关系，则会对这种影响视而不见，别说10厘米，即便是零距离也不见得会觉得难受，这时候，人的内心足够强大，能够禁受得住这种影响。可是，如果对方是陌生人，10厘米的距离就会使其心理产生变化。

与人交往中，要避免这些来自外界的影响，就需要一颗强大的内心。只有有强大的内心，才能与别人进行正常的交流，避免由于小问题产生摩擦。

在自己的内心放置一面镜子，告诉自己要有一个强大的心脏。

心理强大的标准

纵观中外那些功成名就之人，他们除了靠自己的能力、才智获得成功之外，还需要依靠一颗强大的内心。

强大的心理是一个人成大事不可或缺的一个因素。没有强大的心理，你要想成就大事所花的时间就会更多；没有强大心理的支撑，你甚至成就不了大事。心理强大是一个人成就事业的活血丹。不懂得去培养强大的心理,你就错过了成就大事的机会。

关于心理强大的标准至今说法不一,综合国内外各种观点,心理强大应符合以下条件:

(一)智力正常

智力是一个人从事一切社会活动的前提和基础,是其了解、认识外部世界的十分必要的条件。只有智力正常的人才能正确地评价自己,并具有情绪体验能力,从而使自我效能感增强;而智力落后者经常遭遇失败,并伴随烦恼、痛苦的体验,产生自卑感。

举个例子。卡耐基是20世纪响当当的一位人物,却一直为自己年轻时的举动耿耿于怀。他说,潜意识中,我希望我的一举一动,会引起无数少女的尖叫;我的每一次挥手,会引起人群的大片骚动;我的每一次出现,都会让无数的闪光灯闪烁;能够用神色、声调、手势产生轰动的效应⋯⋯然而,事实上,这只是一种充满泡沫的梦想。

卡耐基是一个智力正常的人,他用一种积极的潜意识鼓励自己,约束自己的日常行为规范。

(二)适当的情绪调节能力

在当前,由于社会环境的影响,一个人在生活中总会遇到挫折和困难,如果不能正确处理,就会被消极情绪所困扰;而这些消极情绪得不到有效宣泄的话,就可能使自己产生心理方面的问题,并可能对接下来的行为产生消极影响,患上心理方面的疾病。同时,不良情绪的发泄方式，必须考虑道德及社会的评价。

林肯总统曾经说过：每天早晨醒来的时候，我都这样告诉自己：即使身上只剩下最后一个铜板，即使已是穷途末路，即使在即将交房租的时候，我银行的账户里只有1美元，即使所有的人都嘲笑我。事情还没到最糟糕的时候，我想。

林肯总统就是具有能够适当调节情绪能力的人。

（三）自我评价恰当

心理强大的人能充分了解自己，既看到自己的长处，又看到自己的不足，以便扬长避短，在学习、工作上获得成功，在生活中同他人和谐相处。心理不健康者，往往将失败归因于机遇和任务难度，整日怨天尤人，或将自己看得一无是处。

伦敦的西敏寺教堂旁边的一块墓碑上写有这样一段话：

我年少时，意气风发，踌躇满志，当时曾梦想要改变这个世界。

当我年事稍长，阅历增多时，我发觉自己无力改变世界。于是我缩小了范围，决定先改变我的国家。

但这个目标还是太大了。

接着我步入了中年，无奈之余，我将试图改变的对象锁定在我最亲密的家人身上。然而天不从人愿。他们个个都维持原样。

年事已高时，我终于顿悟，我应该先改变我自己，用以身作则的方式影响我的家人。若我能先当家人的榜样，也许下一步就能改善我的国家，这样我甚至可能改造整个世界，谁知道呢？

这段墓志铭告诉我们，人生不能没有理想，没有理想的人生将是一张白纸。

（四）具有良好的人际关系

心理强大最直观的体现是与人沟通，因此，沟通能力成为心理强大的一个重要参考标准。心理强大的人，乐于与他人交往，能与他人建立较为和谐的积极的人际关系；反之，就会离群索居，对他人不信任，给自己带来巨大的烦恼和痛苦。

有天，卡耐基和助手琼斯去拜访一位博士。一路上看到很多的狗，尽管美国有法律规定，体型超过35厘米的家犬必须要圈养，但依然能够看到很多的狗散养着。

一路上，总能听到狗叫声。每次听到狗叫声，琼斯似乎都小心翼翼。

卡耐基对他说，"你不需要担心，只需要防范着那些不叫的狗。"

琼斯嘲笑他，说，"不叫的狗多么温顺，为什么要防着它们？"在进入博士的院子时，从门后面窜出的狗攻击了琼斯。

他很痛苦，"它真是讨厌，一声不吭就攻击我。"

卡耐基告诉琼斯，"不叫的狗虽然很可爱，却不能给人安全感。"

美国著名的心理学家马斯洛也对人的心理强大提出了自己的标准，我们来研读一下：

心理强大的人与普通人有着显著的不同，他们一般都具有以下几方面的积极的特征：

1. 敏锐的洞察力：能准确客观地洞察现实，并与之形成更加融洽协调的关系。自我实现者一般都具有较优秀的鉴赏力或判断力。

2.认可自己与他人：对自己、他人及整个自然表现出更大的认可。自我实现者相对地不受那些令人难以抬头的罪恶感、或者使人严重自卑的羞耻心以及极为强烈的烦躁焦虑等情绪影响。

3.坦率、自然、自发性：自我实现者的一切思想言行都比较自然、坦率和纯真，发自他们的自然本性。

4.以问题为中心：自我实现者一般都不以自我为中心，而是强烈地把注意力集中在他们自身以外的问题上。

5.超然独立，有独处的需要：自我实现的人一般不害怕孤独，有时甚至主动追寻清静和独处。

6.能自立、自制，超越文化和环境的约束：激励自我实现者的是成长性动机而不是匮乏性动机。

7.高级的审美情趣：自我实现者具有奇妙的反复欣赏能力。

8.较常经历神秘体验或高峰体验：很多自我实现者都描述过他们常经历一种被人们称之为"神秘体验"的个人体验。

9.深切的社会情感：自我实现者对人类怀有一种很深的认同、同情和爱的感情，对他人的关心，不只局限于他们的朋友和家庭，而是涵盖了全世界一切文化背景下的所有人。

10.具有深厚的人际关系：自我实现者比一般人具有更深刻的人际关系，更多的融洽，更崇高的爱，更完美的认同，以及更多的摆脱自我限制的能力。

11.具有民主的性格特征：自我实现者一般具有民主的思想倾

向。他们不以种族、地位、宗教为基点来待人处事，能对任何性格相投的人表示友好，完全无视该人的阶级背景、教育程度、政治信仰、种族和肤色等。

12. 能分辨善与恶、手段与目的：自我实现者的道德力量很强，他们都有明确的道德标准，能明辨是非善恶，只做自己认为正确的事情。

13. 具有富于哲理的、善意的幽默感：自我实现者的幽默感不同于一般类型，对一般人感到滑稽的事，他们并不感觉如此，因此不会流露出在伤害他人感情或猥亵淫秽的事情上寻找幽默的倾向。

14. 富有创造力：所有自我实现者都在这方面或那方面显示出具有某些独到之处的创造力。

15. 对文化适应的抵制：自我实现者能在多种方面与文化和睦相处，但他们不随波逐流，不墨守成规，他们是注重内心体验的人。

16. 能超越各种二元式的对立而达到一种整合的状态：在自我实现者眼中，那种一般人看来是截然相反、截然对立或截然二分的东西在世上并不存在。

马斯洛的标准较好地反映了当代人对心理强大的全面需求和呼唤。

每个人的内心都有一道坎

戴尔·卡耐基认为，人活着就是一场场跟合伙人、跟事业、跟生命的谈判，而谈判是双方相互妥协的艺术。这种妥协不是保守、不是消极，而是一种积极的进步。想实现这种妥协，需要手段，更需要一颗强大的内心去支撑这种手段。

然而，对于很多人来说，由于心理不够强大，在这种与合伙人、事业、生命谈判的过程中，不能正确地对待妥协，一直奔波在心理的黑暗深处，看不到妥协背后的光芒，结果产生一系列消极的情绪。

这是因为缺乏必要的认知，缺少一个能够正视一切的强大的心脏。

缺少一个正视一切的大心脏，是因为人的心理有一道坎，这道坎阻碍了很多人的前行。

一个人的心理，主要由"动物性"、"社会性"、"个人性"三种心理组合而成，动物性充斥着野蛮，社会性则是建立在"双赢"的基础上，是一种维持秩序的需要，至于个人性，则是一种特殊的感情，属于心灵的产物。

"动物性"、"社会性"、"个人性"三种心态，有着很大的差别，动物性倾向于野蛮，社会性倾向于集体，个人性则倾向于善良。从"动物性"过渡到"社会性"，再从"社会性"过渡到"个人性"，每次过渡都有着一道界限分明的坎。

以生活中的布料为例，一块黑白颜色、界限分明的布料，单纯地看，黑色和白色有着本质的区别，中间有一道明显的分界线，似乎黑色与白色之间，有一道再分明不过的坎。事实上并不是如此。

从微粒的角度来说，黑色与白色之间会有一片你中有我我中有你的区域，这片区域连接着这块布料，从黑布跨到白布上，需要迈过黑布与白布之间的区域，这片黑白不分的区域，就好比心理的那道坎。

人的"动物性"与"社会性"之间有一道坎，"社会性"与"个人性"之间，同样有一道坎，能不能跨过这道坎，则是考验很多人的重要因素，尽管这道坎属于心理层面的一个部分，就好比黑布与白布之间的界限，也属于这块布的一部分。

来说一个故事：

一个无所事事的年轻人，整天念叨着自己一无所有，抱怨自己不是富二代，没有一个有亿万财富的爸爸。

这天，他碰到了一位智者，智者听完年轻人的抱怨，问年轻人想要多少钱才满足，年轻人说最少要一千万。

智者听后说，我现在给你一万砍掉你一只手，你愿意吗？

年轻人说当然不行。

智者又说那我给你一百万砍掉你的一只胳膊，你愿意吗？

年轻人以不容商量的口吻说，绝对不可能。

智者接着又说，我给你五百万砍掉你一条腿，你愿意吗？

年轻人急了，说智者在和他开玩笑。

智者笑了，最后说："这样吧，我给你一千万，你把命给我留下得了。"

年轻人一听大怒，吼道：你疯了吗，我的命才值一千万？

这时智者微微一笑说道：年轻人，我给你一千万你都不肯成交，也就是说你不只有一千万，那你还天天抱怨什么呢？

一无所有与一千万之间是如此接近，而人的心理却无法跨过这道坎。这是心理弱小的表现，容易被眼前的一片树叶挡住目光。

很多人都有这种感受：当自己意气风发、大展身手之时，便会感觉到生活是如此的美好。甚至自己一无所有，却看到了成功时的自己；而一旦遇到困境、举步维艰之时，就觉得生活失去意义，甚至感到世界末日即将来临，即便身处金字塔的顶部，内心却已经跌入万丈深渊。

这是心理弱小的最直观的体现。

在人的潜意识中，他们希望被重视，希望发挥自己的作用，体现自己的价值。然而，潜意识与现实世界之间的那道坎，挡住了很多人。如果你忽略潜意识，你就永远无法发挥它们的作用。潜意识就好比是一无所有的人，发挥作用就好比是自己身上的各处器官，器官可以随时发挥作用，无奈却因为跨不过心理的那道坎，器官能够转化为财富的作用也就无法得到体现。

生活中，能不能跨过这道坎，在很大程度上影响和改变着人们的生活和事业。

内心弱小的人，总觉得自己一无是处，一无所有。一无是处是你在心里将自己定位为一无是处，一无所有是你将自己的躯体定格为一无所有。一旦确定了基调，你就已经徘徊在一无是处、一无所有的怪圈中了。

从外界因素来说，每个人心中的一道坎，可能在外界因素的影响下，会认为那个坎是越不过去的。比如，一叶障目中，一片小小的树叶，居然挡住了所有的可能实现的希望。同样，在现实中，仅仅2米高的一堵墙，在心理弱小的人眼中，却是高不可攀的险峰。

的确，在别人看来微不足道的小事对内心弱小的人来说，就有可能是那座难以逾越的坎。

事实上，这道坎在每个人心中都是不一样的。在有些人的心中可能是蟑螂、老鼠之类的，一见到就失声尖叫；又或者是高处的地方，一见到就会两腿发软，浑身无力。

在外界某些因素的影响下，那堵墙变得那样高不可攀，那么陡峭险峻。渐渐的，我们自己都开始不相信自己，放弃了。在那样微不足道的一堵墙面前，内心弱小者完全禁锢了自己。

消极的心理与积极的心理同样属于情绪的一种，两者之间存在着一道坎，越过这道坎，你就走进了一片崭新的天地。

比如，消极的另一面是积极，消极与积极之间有着很深的联系，就像白布与黑布一样，你中有我我中有你，一旦跨过那条界限，消极就会被积极取代，进而在积极的心理下，产生强大的精神动力。

美国著名社会学家泰勒经过研究，得出的结论是：

我们每个人拥有90%的积极情绪因子，而只有10%的消极情绪因子。然而，这10%的消极情绪产生的影响要远远大于90%的积极情绪。也就是说，消极的心理容易遮住所有的快乐，在消极心理的作用下,原本快乐的心情会全部消失。

消极的对面就是积极,尽管都处于一道坎的两边,但效应却是完全不同的。

可悲的是,我们很少有人能够跨越这道坎。

是什么在操纵我们?

很多人由于缺乏必要的认知,缺少一个能够正视一切的强大的心脏。你心理弱小的主要原因,是你内心深处的恐惧感。恐惧大都因为无知与不确定感而产生。

比如:在进行一场演讲之前,你会感到心跳加快,手心冒汗。这些表现是因为内心恐惧,造成了心理的滞塞、言辞的不畅、肌肉过度痉挛,从而严重影响了你接下来的演讲效果。

再比如:外面伸手不见五指,电闪雷鸣,你一个人在家。除了电视节目发出的声音外,整个房间非常安静。突然,屋里的一个门关上了,并发出"砰"的一声。

这种情况下,你可能会呼吸加速,心跳加快,全身肌肉也骤然绷紧。

不过你马上就意识到那是风,没有人试图闯进你的家门。

在那一瞬间，你感到非常害怕，并做出好像生命遇到了危险时的反应。你的身体表现出一种"对抗或逃避"的状态，这是一种对任何动物的生存都非常重要的反应状态。

不仅仅是动物界，在植物界同样有这种现象，比如含羞草。

然而，实际上，有时候根本没有任何危险发生。那么，是什么导致了这种强烈的反应呢？恐惧到底是怎么回事呢？

世界著名生物学家普利赛经过研究发现，恐惧是大脑中的一系列反应，从某个令人紧张的刺激开始，并以释放出可导致心跳加快、呼吸急促、肌肉绷紧以及其他反应的化学物质结束，这些反应也称为"对抗或逃避"反应。这种刺激可能是公开演讲、抵在你喉咙处的一把刀，或者是潜意识里不愿意看到的东西。

人的大脑是一个极其复杂的器官，有超过一千亿个神经细胞，这些错综复杂的神经细胞构成了一个复杂的信息传递网络，运行得紧张而有序，而这个网络是我们所感、所想和所为的一切事情的起点。其中的某些信息传递导致感知和行为，另一些则产生自动反应。而恐惧反应几乎是完全自动的：我们并未有意识地启动它，甚至直到出现恐惧之后才知道发生了什么事情。

因为大脑中的细胞会不断传递信息并触发反应，所以大脑中至少有几十个外围大脑区域与恐惧有关。但是研究发现，大脑的某些特定区域在此过程中扮演着重要角色。

比如，大脑中的海马状突起，主要是用来存储和检索感知记忆，处理刺激组合以建立场景。研究发现，如果海马状突起的部门有很好的延伸性，它能够产生恐惧，也能够消除恐惧。

这种恐惧感影响着人们的内心。也就是说，人们的内心弱小，多半是由于恐惧感的存在。除非我们能克服恐惧，否则我们在心理上还是弱者。

每个时代都有一种流行性传染病，而社会价值排序，便是现代被标榜为文明社会的一种流行性的传染病。

生活在当前的社会中，我们的身心常常有不能维系的危险，就像一架豪华的新型飞机，尽管配备了最先进的设备，但因载重超过机身的承重量，在突发状况下，出现意外是不足为奇的。这种超过机身的承重量的现象，就属于社会价值排序的表现形式。

简单来说，社会价值排序就是社会的固有观念，大学生一定要比民工挣得多，做官一定要有官架子，世界首富一定比普通人生活得幸福，种种价值观念，就是在遵循某种社会价值排序的规则。

在这种社会价值排序中，很多人就为自己的心理弱小打开了大门。

比如：你出身名牌大学，必然要比普通大学学历的人待遇要好，生活得更幸福。这种情况下，一旦对方有超过你的势头，你会感到紧张、不安，一种受到威胁的心理会油然而生。

心理长期处于这种情形下，就势必会制造伤害、焦虑、愤怒、自卑和羞辱，因为按照这个规律，在这个社会之内，只有位于最高端的人，在人群中才能获得绝对的心理优势。

这种社会价值排序，必然会造成内心弱小的结果。

"一个假自我的人，是无可救药的，无论别人如何赞美他，因为那不是真正的自己。"哥伦比亚大学校长巴德鲁博士如此说道。

在社会上，我们习惯去掩饰缺点，展现优点，将自己的优点全部展现在众人面前。这是一个人在社交场合中实现有效沟通的手段。

然而，如果这种"自我"过度地脱离了真实的自己，则会出现相反的作用。

美国社会学家布洛维说："我们的生活太忙碌了，工作和生活的压力让我们日复一日地在赶路，以至于我们很少停下来思考一下。这样，我们就会不断被很多东西推着走，或者追逐着眼前的东西而去，而我们的灵魂早已落后在我们匆匆赶路的身影后面无影无踪。没有了自己的灵魂，我们的生活就交给了外物去控制。我们是不是也放缓脚步，等一等我们的灵魂？"

一个人过度地去掩饰真实的自己，躯体上的自己并不是真实的自己，只是社会上的东西驻扎在自己内心的"复制品"。开始之初，人们会对复制品感兴趣，但兴趣过后，就会对此嗤之以鼻，因为复制品是廉价的。

比如：生活中，很多人喜欢研究星座、血型、属相的命运及性格特点，并乐此不疲地对照自己的血型、星座、属相，参照具体的标准，会认为说得"很准"。其实，这些标准就是假自我，在潜意识中受到暗示。好比看到一件喜欢的衣服时，不会想到自己的体型是否适合这件衣服的尺寸大小，而是以衣服的尺寸大小来衡量自己的体型。即便是身体很胖，也会在潜意识里将自己的身材缩小尺寸，满足这件衣服。看到关于血型、属相、星座的标准后，会将这些介绍融入到自己的性格中，即便是一大段无关痛痒的话，但只有一句切中你想表达的话，你都会觉得说得"很准"。

这种"参照帽子去想象脑袋的尺寸"的心理，让许多可以成为优势的能力没有发挥出来，同时你也有一些缺点容易被你视而不见。

这种"假自我"需要精神强力的支持，这种现象在心理上就会形成虚空，让人的内心失去防御能力，这也是心理弱小的一个很重要的方面。

大哲学家尼采很早就提出，他觉得人们是多么可怜地做着一道道问题下的奴隶，一道摆在那里的问题，一定要具备一个确定性，才能停止后人追逐的脚步。因此，他提出一句警语：不要被确定性吞没。

只有能够遵守这句格言的人们，才能得到生活的愉快和生活的意义。要知道人们的心理弱小，和人们千方百计寻找事情的确定性是分不开的。

因此，现代心理学家说：世界上最不幸的事，便是占人类半数的人都在寻找确定性，这种心理对整个人类心理的影响是何等之大？

比如，现在一些被认为能力不如别人的人，都在努力奋斗以证明他们其实比其他人优秀；而在这些优秀者之中，他们也同样在和他们竞争，正在确定他们才是真正的优秀者

人性的缺陷，当我们无法确定一种东西，我们就不会感觉到安全。

被确定性吞没的人，同时也是一个无法体验到自己在世界面前的力量的人。

世界上有多少悲剧、多少恐怖，都是因为别人言行的作用而发

生的。这些恐怖和悲剧，就算莎士比亚也不能描写其中万分之一。

被别人的意见所左右，实际上和愚昧同一意义，而且这种愚昧，是野蛮人和暴徒的愚昧：因为他们对自己与别人认识不清，由别人而无视自己，由无视自己而后悔不已。

每当我们从事一件事情的时候，常常会听到许多或反对或赞成的意见。他们从自己的角度考虑，有的赞成我们的做法，有的却将我们所要做的事说得漆黑一团。

在这种情况下，我们会顾虑别人的看法和议论。不敢坚持自己的想法，我们就可能半途而废，甚至事情还没做就夭折了。

别人的种种意见，让我们充满怀疑，怀疑的不是别人的意见，而是自己，考虑别人的意见超过自己，结果疑惑丛生，使自己心神不定。

比如：你计划独立创业，项目规划都已经具备，准备付诸实践时，一个异议的声音出现：这个项目具体实施很困难。接下来，举几个莫须有的事例，然后再分析它的根源，最后来一句总结性的话。总而言之，他的出现证明了一个现象：你的周围出现了反对的意见。

如果你内心弱小，会辗转反侧思考他的意见，然后不得已放弃你的所有的准备。

结果，别人的一句话，就否定了你全部的努力。你无能？他能力过人？

每人都有自己独一无二的一条路，自己的路就要自己坚持去走，坚定不移地走下去。有时候，人需要一点儿执著和一点儿固执。只有走自己的路,才能到达自己梦中的地方。人人都有属于自己的舞台,而舞得好不好,关键在于自己这个舞者。

简单的玩具,不简单的价值

美国著名畅销书作家希尔顿在自己的作品中,这样写道:

在这个丢失信仰的社会中,每天,各种各样的信息充斥着你的耳膜,游行、人权、贷款、银行、利息、汽车、矿难、篮球,话题多得永远也说不完,洋洋洒洒在美国的各个角落。可是,偶尔短暂的平静,心里就会觉得空落落的,好像有什么不对,是我有病还是社会出了问题。也许,我们感觉到不对的恰恰是——简单的玩具背后的不简单的价值。

以生活中常见的事例来开题:

每逢春节、端午节、中秋节的节假日,总能收到许多千篇一律的祝福短信,找遍了所有的信息,都看不到自己的名字。除了发送者的姓名不一样之外,其余都是一样的,这让我一度怀疑手机是不是染上了病毒,在无限制地复制自己。

对这样的信息,你会如何处理?

如果你将这些信息复制一下,然后群发,收到的祝福变成了一种负担,送出的祝福也变成了一种负担,何必呢?

这些信息发到了我的手机里,命运已经注定——或许蚍蜉的寿命比它还要长一些吧!出于礼貌,我回复简单的几个字:节日快乐!当然,我会附上他的姓名,表示看我的信息时能够看到自己的名字。

在90%的情况下,我希望这种信息不再出现。但铃声响过之后,我比以前更坚信我的希望变成失望了。

即便被复制的信息说服了,但我却固执地坚持着我本来的意见。

这是一种玩具,玩不了这种玩具,或者不想用这种玩具玩耍的人,在竞争中只能被淘汰出局,成为被淘汰者。

需要注意的是,不管玩具如何玩耍,起决定作用的是制造玩具的人,而不是玩具。如果你沉迷于玩具,则会非常容易忽略玩具背后的价值。

再来说几个奇怪的现象:

我认识一位叫威廉的英国小伙子,他特别喜欢中国的京剧,不远万里,从英国赶来学习京剧。威廉来中国跟随一位京剧老师学习,除去上课的时间之外,其余的时间几乎全部用来学习经济。

威廉很努力,花了三年的时间,学得认认真真,甚至有很多次催着老师教他,把老师累得半死,可结果也就学个一点半星,咿咿哇哇半天,要么就是音不对,要么就是腔不对。上台迈脚,总也不对路数,自己着急,老师也跟着着急。

希腊有一种精美的绣花手巾,白色的布品织上蕾丝般的花纹图案,非常美丽,桌巾、床单、围裙,还有小件的手帕、头巾等,有种希腊特有的白色的美感。希腊奥运会期间,一个朋友到那里去,喜欢上了这种手工艺,努力学习这种绣花手艺。由于时间有限,她购买了一本学习这种绣花手艺的书籍,又找了一个懂希腊语的朋友帮忙翻译成中文,努力学习。

然而,两年过去了,她依旧是只掌握一点皮毛。绣出来的东西无论如何也达不到那个标准,大家都不知道是差在哪里,最后只好放弃。

当今世界上,很多发达国家的汽车技术都很先进,但德国和日本是汽车技术最为发达的两个大国。尤其是日本生产的汽车,质量更是一绝。日本汽车的生产程序与各国的生产程序没有任何不同,都是先生产出散件,然后再组装。美国、英国、中国,为了省钱,向日本人提出批量生产零件,自己组装。然而,这几个国家组装的日本车,却怎么也比不上日本人自己组装得精良。

很多人怀疑原因出在组装技术方面。为此,派人去学习组装技术,然而,根本看不出有什么可学的名堂。各个部件的零件是一样的,组装机是一样的,程序也是一样的,组装顺序和动作都是一样的。然而回到国内,组装的汽车还是不如日本人的。

原因到底出在什么地方呢?

京剧、绣花手艺、组装汽车技术,这些简单的玩具,为什么有些人能做有些人却总是揣摩不透呢?

20世纪80年代,英国科学家提出了一个名词:看不见含量。

正是看不见含量的存在，影响着同一事物的不同结果。比如，威廉学习京剧，朋友学习绣花艺术，日本企业组装汽车，之所以同样的努力达不到相同的效果，就是因为不同的文化背景、人文素质甚至世界观与潜意识起着决定作用。在事物的表层，这些因素却是无法洞见的。同样的表层现象，内含却有着天壤之别，其中的差距甚至是致命的。

以京剧为例，在学唱京剧的过程中，京剧人的内心世界，始终装满了京剧的传统艺术，血液里流淌着京剧的神韵。有一种潜在的京剧风韵指挥着他们。而没有潜意识中的神韵意识，充其量只能是模仿，模仿得再像，也存在着巨大的差距。

当今科学的发展，让许多领域都已经无秘密可言。然而同样的产品，同样的技术，仍然存在着很大的差别。

正像有人说的那样：东和西，到底有多远，谁也不知道。其实这是一个内心世界的问题，心差多远，东和西就差了多远。

日常生活中，我们的眼睛所能看见的东西毕竟是有限的。许多看不见的含量，才是决定事物或某项艺术的最终因素。

内心世界决定着一个人的成就。简单的玩具中，蕴藏着不简单的价值，当你有足够能力和智慧去支配某种行为时，尽管你付出了极大的努力，收获的却是寥寥无几。

这可能不是你的能力问题，也不是你不够努力，更多的是这种行为背后的、更深层次的问题。

如果你无法参透这种行为背后的、更深层次的问题，这只能说明你的内心很弱小,无法强大到能够揣摩出真正的不简单的价值。

要做到掌握不简单的价值,需要认真思考玩具背后包含的价值。然而,正像希尔顿所说的那样,"这个丢失信仰的社会让我们觉得心里空落落的,好像有什么不对。"之所以会出现这种情况,是因为社会上一些约定俗成的规则,让我们在这种规则中不断碰壁,不断摔倒。为了早日摆脱这种环境,我们学会了复制,学会了用最简单的方式去完成复杂的任务。原装与复制毕竟有着本质的区别,不断碰壁、不断摔跤让人们变得急功近利,变得内心弱小。内心弱小时所采取的行动,是无法理解玩具背后的价值的。这些急功近利的行为让我们在日常生活中渐渐让强大的内心世界变得弱小。

第二章

弱小的内心
让人所得无几

内心弱小的人更卑微

过去,人们走进心理诊所,询问的往往是爱情和金钱上的困惑,可是总有一天,他们会问:"我怎么样才能让心理足够强大呢?"

当一个人提出这样的问题到很多人都提出这样的问题的时候,就证明他们在社会上的生活已经走上正轨,是走上成功的表现。爱情和金钱属于人生的附属品,拥有一个强大的内心,可以轻而易举地将爱情与金钱据为己有,而不会为两者徒生烦恼。

在接下来要论及的心理强大的篇章里,我会详细地论述内心强大给人带来的成就以及如何具备一个强大到可以抵御复杂世界的内心的方法。培养一个强大的内心的目的,就是将潜意识努力实现,并服务于自己的人生。

所以,培养一个强大的内心,其实就是寻求更高层次人生的需要。

要培养一个强大的内心,你必须承担起与你的经历、地位、背景相当的责任。

当前社会上,成千上万的人像草木一样活着,就是因为当事情临到自己时，无法正确地面对，战战兢兢，畏首畏尾，任其耽误下去的缘故。

许多男女过了结婚年龄仍然单身，就是因为他们在应当结婚的时候，思前想后，想要追求幸福却又担心将自己交给错误的人，没有选择结婚，错过一次次机会因而耽误了下来。

有很多没有文化的人，就是因为他们在接受教育的时候，恐惧分数、恐惧考试、恐惧接受知识的过程，结果错过了机会，因而耽误了整个人生。

每天总有几万万的金钱，耗损在人们的延迟拖拉和优柔寡断上面。

像草木一样活着的人们，卑微；单身的孤单生活，卑微；缺乏文化知识，甚至是文盲，卑微；生活贫困，卑微。

心理学家是怎样对卑微的特征进行解释的呢？

卑微是人们为了维持生存的需要使人沉沦。

从战争前线逃回来的人，没有一个是具备强大的内心的。《集结号》里有这样一段台词：

知道狗为什么咬人么？人一害怕身上就有股怪味，狗就专咬这种人。子弹也一样，谁害怕它找谁，只要你不害怕，子弹绕着你走。

利己者、悲观者、隐士，他们的内心绝对不可能强大。强大的内心可以通过爱他主义、乐观主义以及与社会发生密切的关系等而获得。

先来说一个事例。

有个网名叫"稻草人"的网友，在自己的博客上寻求帮助，内容是这样的：

我喜欢公司里的一个女同事，但不敢在大庭广众之下，在其他同事在场的情况下和她交谈聊天，更别说什么暧昧举动。当然，我知道她对我也有好感。但是，当她一个人的时候我就会变得很主动，我尤其在意别人的眼光，感觉他们时时刻刻在盯着我看。曾经就因为别人看着而不敢去追求，导致我失败了很多次。即便有女孩子主动暗示喜欢我，只要周围有别人在，我都不敢去把握机会。我这是怎么了？

有这种体会的人不在少数，要解开这个问题，还是先来说说心理学中的一种焦点效应。

来说一个我亲身体验过的事例：

大约两年前，刚买车的时候，我非常兴奋。上班的时候，我郑重地把自己打扮了一番，目的是为了让自己能够配得上那辆车。开车途中，我觉得所有的人都在关注我。走进公司的时候，我有种想吹口哨的冲动。

让我意外的是，大家都在忙各自的工作，似乎并没有关注到我到公司是开车来的。

中午就餐的时候，依旧没有人对我的车发表任何观点，我沉不住气，引导他们谈论我的车。

一个关系不错的同事很意外，说："你是开车过来的？我怎么没有注意到。"

另外一个同事继续追问："你什么时候买的车？"

这个世界上最不需要动脑筋的话就是实话,这句实话让我有点失落;不,应该是很强的挫败感。

这就是一种焦点效应。

社交场合中,我们心中总认为别人对我们会格外注意,但实际上并非如此。对自我的感觉占据了我们世界的重要位置,我们往往会不自觉地放大了别人对我们的关注程度,而且通过自我的专注,我们会高估自己的突出程度。

比如,面试一份你非常中意的工作,你会为自己该穿什么样的衣服,设计什么样的发型,说什么样的话思考良久。和面试官见面的时候,你甚至会紧张得不知所措。

和初次见面的重要客户一起交谈,你甚至会考虑到自己的手该放在什么位置,会担心客户怎么看你,会不会影响到这一次的谈判,甚至会对某一次不自然的微笑耿耿于怀。

和心仪的对象第一次用餐时,如果不小心发生了计划之外的事情,这件事情可能会让你铭记一年、三年、十年甚至更长时间。

但令人痛心的是,这些你关注的事情,对方却根本没有记住。

其实,这些都是夸大了"自我中心"的效应。大家都是芸芸众生中的一人,不会有人注意到你这些细节。如果让你现在回忆昨天和你在一起的人,都说了哪些话,你甚至会连对方一句完整的话都难以表述出来。但是,如果让你复述你昨天的活动,你会说得非常详细。

上文中的"稻草人",总是"感到"在公司中大家都在关注自己的一举一动。这是高估自己的社交失误和公众心理疏忽的明显表现。如果我们在安静的环境中制造出了噪音，我们可能会非常苦恼。但是事实情况是，我们心理上的苦恼，别人不太可能会注意到，还可能很快就忘记。其实，别人并没有像我们自己那样注意我们自己。

除此之外，"稻草人"缺少一颗强大的内心，心理弱小让他感觉到周围草木皆兵，这种缺少安全感的举动让他感到无法呼吸。对于他来说，站在众人面前，就好像被剥掉了所有的衣服，无法反抗，只能任人宰割。只有在没有人注视的时候，他在心理上才感觉到自己是安全的。

内心的弱小让这种人在公共场合中畏首畏尾，神态、举动都非常不自然，导致自己更卑微。

认为别人对自己会格外注意，这是心理弱小最直观的表现。因为内心弱小，无法正视自己的地位、背景，结果也就很难承担自己该承担的责任。一个无法承担自己该承担的责任的人，在别人眼中，就是卑微的。

内心弱小的人容易被击倒

我们需要明白，如果我们的心理不倒下，就没有什么能够将我们击倒。

迈克尔·乔丹，NBA 的图腾，他的自传《为了我深爱的运动》一书中有这样一段话：

但我和他（指皮蓬）之间存在着区别：他是只要后面有一群狼在追着自己才发动进攻，而我是任何时候任何位置（哪怕没有追逐的狼群）都会发动进攻。其实这种区别是巨大的，所带来的威力的不同也是不言而喻的。

我经常能够看见其他球员眼中的丝丝胆怯，尤其是在他们发现自己没有完全把握实现事先许下的诺言之时。

这么说吧，有位球员发誓要打好第二天的比赛，但一旦比赛开始，他的第一次投篮失败时，你便可瞥见他眼睛里流露出的代表着一丝胆怯的轻微迷惘，他不是及时清醒头脑，并告诉自己："没关系，我会投中第二个球的！"取而代之的是消极的念头一个又一个地聚集起来了，直至垒成一堵"恐惧墙"，最终再没有机会重拾斗志了。

而我，丢了一个球之后会怎样呢？我以积极的心态接受这种结果，绝不让一次失球影响整个晚上的比赛。我从不让消极的念头一点点堆积，这种时候我告诉自己："都过去了，珍惜后面的机会！"然后，前面丢五个球，后头我会投进 10 个，我总是让自信贯穿比赛的始终。

一个没投中，我不会担心后面的一个球可能也投不中。还没投出去，干吗就担心投不中呢？！其实，这种消极的思想往往会成为所有人（不仅仅是运动员）一次失足后重振旗鼓的羁绊。

事实上，生活又怎么可能永远一帆风顺呢？我会努力争取每一天都能取得一点进步,我需要回顾昨天,感觉今天比昨天好就足够了。一天一点进步,那一辈子该有多少的飞跃呀!

比赛当中最重要的是保持镇静,学会在热火朝天的氛围中让你的神经保持一分冷静。当然,偶尔你的情绪也会受比赛气氛的影响,但关键是这时候你必须及时提醒自己,遏制这种消极念头的扩张蔓延。

一名伟大球星的高明之处就在于,他能让全场比赛始终合乎自己的节奏,而不至于整个晚上老在担心"追赶"不上比赛。这恐怕也是"伟大球星"和"好球员"明显的差别之一。

……

别紧张,放松些,别让生活太难。我经常跟好朋友"老虎"伍兹说起这些。学会以高境界的态度看待生活中的喜怒哀乐,这也不失为一种超脱。我认为,年轻的球员们更应学会"为现在而生活",让生活自然发展,遇见困难和挫折,别纳闷,你就可以有这么大能耐,不必苛求生活中原本就子虚乌有的那份"完美"。

乔丹达到的高度,一直激励着很多人。也经常有人给他写信,畅谈自己的不行和悲伤。其中有很多人说:我实在是太不幸运了,一个被幸运女神忽略的人,我只有准备自杀了。

然而,真的没有办法了吗?事实上,这不过是他们的内心任凭不幸继续下去罢了。

乔丹的存在表明,一个人如果心理足够强大,那么他在心理上和生理能力上都将达到一个什么样的生存?告诉心理强大的人,任何人都无法击败你,生理能力强大的人,可以洞悉人心,看穿万物!

当然,我们无法像乔丹那样驰骋 NBA 赛场。然而,现实中,每天快节奏的社会生活,不正是一场比赛吗?

假如你的生活,你的处境,实在很不幸,实在难以维持下去,那么你需要释放这些情绪,不要让自身陷入不幸中。

当不幸降临时,世界还在前进着,如果我们让自己的世界停滞不前,我们将会拖慢自己的速度,同时我们的不幸将会一直持续下去。因此,我们需要学会以高境界的态度看待生活中的喜怒哀乐,继续上路。世界让我们不幸,我们需要克服;如果我们自身让自身沉沦在不幸中,这才是最大的不幸。

世界给我们的不幸也不完全是坏事,不幸也能成为一种动力。人是地球上最懦弱,生活能力最差,身体结构最不合理的动物——没有鲨鱼一般锐利的牙齿,没有猎豹一样的速度,没有鸟一样的羽毛,不能在天上飞,不能在水底游,容易被疾病侵袭,温度和气压稍微有变动,人就会生病。如果吃错了东西,随时都有可能丧命……

然而,奇怪的是,人是主宰这个世界的动物。因为这些不利因素激发了人类的潜能,让人类以一种奋斗者的姿态出现,摆脱一切桎梏。

不幸的环境促使我们采取行动,提高我们自身的素质,这将会提高我们的抵抗力,并因此而变得更加敏锐,进而让我们最终摆脱不幸。

人生最大的不幸,并不是难以扭转的不幸,而是我们内心不能勇敢地面对所有的不幸。

英国有这样一个故事：

有一个小女孩非常不幸运，五岁的时候因为一次交通意外，她失去了一只脚。进入青春期以后，她感到永远是痛苦，她无法像其他女生一样，穿漂亮的裙子，把自己打扮得花枝招展。

尽管她如此不幸，她却不愿意将自己与世隔绝。自从安装假肢之后，她成为玩伴中最受欢迎的一个人。

二十岁的时候，她嫁给了一个医生。然而，这个医生却好吃懒做，不务正业，甚至会对她实施家暴。面对如此的不幸，她没有抱怨，而是努力塑造着自己的丈夫。

十三年后，她的丈夫成为伦敦市最受欢迎的医生。与此同时，她的丈夫有了外遇，和她离了婚。

面对亲人朋友为她抱不平，她没有抱怨，而是说"不管未来他是谁的丈夫，但我是他第一任妻子"。

此后，她将自己投入到福利行业，用自己的爱心去拯救一个又一个的儿童，直到四十六岁，她安详地躺在棺材里。

她的葬礼是英国最伟大人物的葬礼，成群结队的人们跟在她的后面，将她送到美丽的山穴坟地。

她就是库伊丝，英国最伟大的女性之一。

幸运女神不可能时时伴随我们每一个人，因为上帝不会偏爱任何人。我们每个人都会历经一些不幸，正如我们历经许多喜乐一样。

在受苦受难的不幸经历里，我们每个人都是平等的。当我们面对伤痛、失落、麻烦或苦难的时候，我们所承受的折磨都是一样的，这些都是人生必经的阶段。

这些不幸的遭遇不是世界末日，只是上帝在打盹的时候，和我们开的一个小玩笑。

我们能不能承受上帝开的这个小玩笑，关键在于我们的内心是否足够强大，是否能够承受？

在面对不幸的时候，我们需要一颗强大的内心，这颗强大的内心支撑着肉体坚强、抗争、奋斗，直至走出逆境。

前苏联作家奥斯特洛夫斯基曾说过一句话：人的生命，似洪水在奔流，不遇到岛屿、暗礁，难以激起美丽的浪花。

心理与年龄是两条没有交叉点的直线

一个人有三种年龄：

最基础定位的生理年龄；记录知识高低的年龄；记录心理成熟的年龄。

这三种年龄中，生理年龄是最基础的定位，知识高低的年龄是社会定位，而心理年龄则是最为重要的，因为我们的生活全部要依靠它来调整。

在中国有这样一句话:穷人的孩子早当家。以穷人家的孩子的年龄而论,可以说他们的知识还不丰富,但是他们却能够照顾自己,能够自食其力,已经超过这个年龄段在众人眼中所具备的能力。以他们的年龄和他们的能力比较起来,他们的能力要比他们的年龄成熟多了;或者说,他们的能力已经超过这个年龄所应该具备的一些特征。

同样,我们也都见过或者听说过一些作家、学者,他们的知识程度,已经达到所在的领域的最高峰,可是他们却不擅长处世、不能料理自己的生活。即便拥有高深的学问,然而他们对适应生活所需要的最基本的生存技能却没有掌握,也就是说他们面对生活所需要的心理还没有成熟。

同样的道理,人在幼小的时候,往往对父母的一些教化很不满,比如每天早晨起床要刷牙,饭前便后要洗手,每天晚上睡觉要洗澡,见到陌生人要行礼。在孩子们的内心世界里,他们还不具备这种知识,或者说这种知识还不够成熟,一切都还不懂、不理解。可是,一些年龄和知识都成熟的人,也常常会有类似的举动。像这样的人,虽然年龄大,知识多,然而在心理上,却还处于未成熟的阶段。

世界上很多不幸的事情,都是因为人们的心理弱小,没有得到充分发展所致。

先来说第一种,生理年龄与心理世界的关联。

网络上曾经报道过这样一个女人,天生有一副姣好的容貌,加之单纯得像孩子一样的个性,很多人误以为她是公主,甚至有很多男人乐此不疲地追求她。然而，在短短的七年间，她经历了四场婚姻。

所有的这一切，都是因为她的心理年龄。在她眼睛里，世界上没有让她满足的东西。她希望她的老公能服侍她，做她忠实的奴隶；除了自己坐享口腹之乐、得人宠爱、受人尊敬之外，对自己老公的艰难和痛苦，她毫不理会，更毫无同情心。她何以如此呢？

心理学家分析，主要是因为她的心理还没有成熟。

经历过四次婚姻的她，如今忍受着苦难。她的年龄已经不小，然而她实在还是一个幼稚的孩子，因为她认为全世界的人，都应当像她父母在她小时候溺爱她一样，宁愿自己受苦，也要满足她的欲望。她以这样的态度做人，哪里还可能得到人生的乐趣呢，她自然会觉得世界上没有一个人、一样东西能够使她满足。

这是由于成长环境，导致内心世界停留在婴儿阶段，生理年龄与心理年龄严重脱节导致的内心弱小。

在生理年龄和心理年龄相互成长的过程中，心理世界更应该得到成长和锻炼。

站在生理年龄的角度考虑，内心世界强大是怎样的呢？

一：生理方面已经没有孩提时代的依赖性，能够做到自给自足，实现基本的生存，自己计划，自己行动；没有虚伪，没有虚荣。

二：生理方面有温和的性格，有自重而不自大的品德。面对困难，有勇气；做事不怕失败，一定要做到成功为止。

因为内心世界足够成熟，所以他对于世事抱着"一切是相对的"态度做人。

对于一个心理得到成长的人来说，他会有基本的判断，有行事的基本准则和底线。知道什么该做，什么不该做；什么能做，什么不能做；知道只有努力才有收获。

在工作上，一个心理世界成熟的人，他知道工作对他来说意味着什么。他明白自己所从事的工作并非只是为了获得报酬。

在品质方面，心理世界成熟的人不会随意编织谎言，因为在复杂的社会里只有诚实最足以表示心理的成熟，所以交给他去做的工作，无论责任如何重大，他总能够以正确的方式和态度接受并努力完成它。

在婚姻生活中，心理世界成熟的人不会对另一半过分依赖，独立却不会丢掉应该履行的义务。有责任，共同承担，有快乐，共同享受，彼此尊重，彼此敬爱，他们决不为七情六欲制约，甘心做感情的奴隶。他们一旦做了父母，也绝不认为子女是他们的私有财产，而是认为孩子是属于社会的，但是，他们也不会因此便轻视他们，或者放纵他们。他们注意自己对孩子、对社会的责任。他们教育孩子的目的，是培养孩子的勇气，希望他们将来能够独立，做一个对社会有用的人；他们认为如此教育子女，比在他们的遗嘱里，留给子女百万家产还要有益。

一个心理得到成长的人，一切"第一"、"最好"、"最荣耀"、"最受人崇拜"等都不能动摇他的心。他是一个合格的人，要在这个竞争激烈的社会中杀出一条更适宜生存的路来，不管前途有多少障碍和陷阱。

你的生理年龄与心理年龄足够成熟和强大吗？

再来说第二种，心理年龄与心理世界的关联。

我们很多人可能都有小时候一些难忘的经历，这种难忘的经历既有快乐的，当然也有悲伤的，既有兴奋的，也有恐惧的。这些难忘的经历，对一个人成长过程中的内心世界的影响，往往超过我们的想象。

这些难忘的经历可能会让恐惧和不安全感在心理世界中扎根，如果处理不当，可能会走向另一个极端——有些冷血杀手就是因为小时候经常受到别人欺负，长大后要体验到一种别人对他的欺负无力反抗的感觉，以此来弥补内心的饥渴。

心理世界无法超越这一点，这就是心理弱小的一种危险的信号——你让我痛苦，我就要将这种痛苦扩大十倍、百倍去还给你，甚至毁灭你！

以上两种现象是内心世界与心理和生理年龄的关联。

请把你自己的行为，和上面所说的现象对照一下，倘若你的行为和我所说的现象是合拍的，积极的请继续发扬，消极的则需要克服。最好的办法，是开一张清单，说明你的心理在哪几方面还没有成熟，记下来之后，再制订一个促进心理强大的计划，去克服这些缺点。

心理弱小尽管不是过错——当你心理还未成熟的时候，你可以不负责任。但是，如果你知道你的心理弱小而不设法补救，不努力去做一些能使心理强大起来的事，那么你的不幸便该自己负责了。

内心不够强大容易一叶障目

数千年来,哲学家一直思考人类关系的准则,所有的思考,最终都演化出一个重要的观念。这种观念不是新的,与历史一样古老。24个世纪之前,孔圣人已经在中国宣讲;19个世纪前,耶稣在巨蒂雅石山中教化世人。心理学家将这些观念综合在一个思想中——恐怕是世界上最重要的规则,世界是用心看的。

因此,我们要遵守这个金科玉律,用你的心去观察周围的世界。

《韩诗外传》(西汉韩婴撰)有这样一则故事:

有一次,孟子从外面讲学归来。由于天气突变,道路泥泞,回到家之后,孟子又累又乏,妻子赶紧找些米,烧柴做饭。米饭将熟之际,孟子闻到饭香走进厨房,碰巧看到妻子抓出一把米饭塞进嘴里。孟子非常生气,说:"我疲乏之至,想吃些白饭,你居然在此窃食。"

孟子非常愤怒,不等妻子辩解,便愤愤然去见母亲,说:"妇人无德,我想休掉她。"

这时,妻子赶忙解释说:"刚才烧饭的时候有些烟灰掉进了锅里,扔掉又不好,所以,我就抓出来吃掉了。"

孟子这才知道妻子并非偷饭吃,非常愧疚。

孟子被人们尊为"亚圣",居然凭借自己所看到的情况轻易做出判断,何况是我们普通人呢?

网络上有几句话:

第二章 弱小的内心让人所得无几

即使是 lover 也有个 over，即使是 friend 也有个 end，即使是 believe 也有个 lie。

看似文字游戏，却有着极为深刻的道理。意思是说即使是 lover（爱人）也有个 over（完）；即使是 friend（朋友）也有个 end（完）；即使是 believe（信任）也有个 lie（谎言）。

这告诉我们，你所看到的并不一定是真实的情况。

人类是心理动物，很多时候，事实是什么对我们来说并不重要，重要的是在心理上事实是如何。

然而，由于绝大多数人都会从情感、情绪、认知、欲望、利益等方面去衡量眼睛所看到的，对眼睛接收到的信息根据自己的知识构成予以定位，这种定位其实只是我们内心层面依据固有的基础进行的定位。但我们却固执地以为，世界真的就是我们所看到的并根据自己的认识来定位。

举一个事例：

有一次，我在公共场所讲了一个在旅游过程中亲眼见到的事情，说完之后，大家被这件事情逗得哈哈大笑。

笑声过后，一个人问我，"什么时候什么地点发生的事情？"

我将准确的时间告知他，他立刻以一种否定的口吻说："不可能，那天我也在那里。"

他想从我这里得到些什么？我能从他那里得到些什么？

我知道，他相信这件事没有发生的依据是他那天在那个地方没有看到这件事。

我笑着说:"那个地点不只有巴掌大,那天也不是只有几分钟。"

大家听完后都哈哈一乐,唯独他,一直否定这件事,原因无外乎他根本没有看到。

人类行为中的绝对重要的定律,如果我们遵守那个定律,我们几乎永远不会跳出视野所能及的范围。实际上,如果我们遵守了那个定律,我们会少犯错误,但同时我们也关闭了接受外来信息的大门,我们只活在自己的眼睛里——一个听力正常的人,关闭了自己的耳朵,该是一件多么可怕却又愚蠢的事情。

我们所能看到的事情毕竟有限,当我们根据自己的见闻将事情定位的时候,就会受到外来不同消息的冲击。三人成虎,如果所有的人都相信与我们看到的相悖的信息,结果我们就会怀疑自己所看到的,这样的结果更可怕。

让我们再说一个事例。

如果有人说你的家乡不美丽,你一定会很生气,同时坚持认为你的家乡是最美的。当然,或许你的家乡是美丽的,四季如春,民风淳朴,但对大多数人来说,并不是如此。真相往往是这样的:在你的心中,你愿意你的家乡是美丽的,这种美丽仅仅是来自内心深处,属于经过你的眼睛看过之后,在心里将它定格为美丽的。你对家乡的判断,加入了你的情感因素,而这种情感往往并不准确,所以你才坚持认为家乡是美丽的。

每个国家都同样如此。你觉得你比日本人优秀吗?实际上,日本人认为他们自己比你优秀得多。例如,一个守旧的日本人看见一个白种人与一个日本女人跳舞，会气得跳起来。

你认为自己比印度人优秀吗？那是你的权利；但千百万印度人觉得自己比你优越无数倍，他们不肯委屈自己接触被你这异教徒的影子玷污了的食物，从而使自己免受污染。

每个国家的人都觉得自己比别的国家的人优秀，于是产生了爱国主义和战争。

一个不争的事实，几乎你遇见的所有人，都觉得在若干方面，比你优秀。

在这种心理的支配下，人们失去了准确的判断，形成了一种建立在一定的标准和价值观之下的判断，其结果不言而喻，会造成心理与事实之间的偏差，而这种偏差，则足以毁掉一个人的心理世界。

心理世界的力量，远远超过我们的想象。

我们在这个世界的一种存在，如果在心里不能证明自己的存在，焦虑、恐惧、徘徊、茫然的情绪就会伴随人们左右。在这种心理的影响下，人类无法准确地判断和评价自己，时而出现过激的行为，时而出现冷漠的行为，心理弱小便不可避免。

像莎士比亚说的："人，骄傲的人！借助狭隘的偏见，一点微薄的能力，在上天面前，肆意作为，竟使天使们流下泪来。"

内心弱小的人无法获得自己想要的

看过《寻秦记》的人，可能都对秦王嬴政的突然变化感到不可思议。一次出宫的旅行，让原本唯唯诺诺的嬴政变成了一个可怕的暴君，集狠毒、专政、强大于一身。

原因是什么呢？

嬴政尽管身为君王，但过得并不如意，趁机逃出了皇宫。然而，在被一个强盗击晕后，赖以生存的金钱被抢走了。醒来后，饥寒交迫难以忍受，被迫偷包子，结果被捉住带往衙门。嬴政向县官自称大王，结果惨被棒打，更被押往长城做苦工。

在做苦工的过程中，他因为软弱，到处受欺负，连饭都被别人抢走。他明白了弱肉强食的本性，在为生存而争斗的过程中，他渐渐变得强大。

在工地饱受煎熬，正感绝望的时候，有个监察官前来巡查。他抱着最后一丝希望大叫自己是大王，可惜被殴打至昏死过去，被丢弃于乱葬岗。他望着身旁的尸体，体会到没有权势是何等悲惨，顿悟应该要珍惜自己的权力……

回到皇宫以后，他变得专制、强大，以往唯唯诺诺的神态再也没有了，取而代之的是一副让人恐惧的神态。

经过了一番激烈的斗争之后，他的心理变得强大，从而有了惊天动地的成就。

第三章 弱小的内心让人所得无几

在当前的社会形势下，嬴政是很多人的影子，因为没有经历过一场非凡的经历，他唯唯诺诺，心理弱小，事事都任人摆布，无法得到自己想要的。

在这种社会等级制的作用下，一个心理弱小的人，根本不知道什么东西才能拿得出手，也根本不知道自己能够拥有什么。一个人当了官，那个官就变成了他能够拿得出手的东西，尝到了官职带给他的好处之后，他开始用官职去争取自己想要的一切。他在心理上开始认同自我，同时也有一个期待或者命令：别人也要像自己一样认可自己。

嬴政就是那个先前并不知道自己有什么东西能够拿得出手，也根本不知道自己能够拥有什么的人。直到他尝到了权力带给他的好处后——宫外处处受人凌辱，宫内处处受人尊重，他开始变得不可一世。

不知道自己有什么能够拿得出手，自己想要什么，这是一个处于不确定性的状态，这种状态让嬴政把恐惧带入了内心。心理处于不确定的状态下衍生出的恐惧，让一个人失去了真实的自我。失去了真实自我的人，在做一件事情时，无论他是否意识到，他都只是在扮演一个角色，这个角色就不是真实的自己，因为他其实是一个演员。

演员必定是为演戏服务的，在真实的生活中，你则无法把握自己，失去了很多你想要的，或者说你根本就不知道自己需要些什么，能够拥有什么。

人的心理生存就是真实的自我与假设的自我共同构筑的,真实的自我就是支撑人的心理生存的心理功能。这里需要注意,真实的自我它不是一个实体,而是一种类似于意识的东西。从心理学的层面上来说,真自我是一种与现实意识相联系的,而假自我则是维护自我的心理生存的,因为它使人处于分裂之中,而这种分裂恰恰是心理难以生存的根源。它是饮鸩止渴。一个靠假自我在心理上生存的人,必须不断地对自己欺骗下去。

因为内心弱小,对未知世界充满了不确定性,真的自我就不够强大,心理生存也会受到威胁。简单地说,是因为缺乏竞争性。

以当前的面试经历为例。

你拿着简历走进一家公司,事先并没有任何人和你竞争。面对这种情况,在心理上你会对自己非常自信。然而,如果和你一样,面试工作的有很多人,你会在心底对那些竞争者产生一种排斥情绪,同时,自信心也会相应地减少。

如果是一对一的面试程序,在一位主考官面前,你应对自如,并没有感觉到胆怯。然而,如果你们所有的竞争者都在一个会议室里集中,大家相互讨论着。这个时候,你突然发现,他们的学历都非常高,而你只是一个中专生。

尽管你平时一直秉持着学历不能衡量一个人的真实水平和素养的观点,但是当你真的出现在一帮比你学历高的人群中时,这种认识的力量瞬间就会土崩瓦解。

这就是缺乏竞争力的表现。因为心理弱小,你不敢与别人竞争,你无法做到像一只善于斗争的狼一样,你还未参与到竞争中,就已经在士气上输了三成。这样,你何以能够打败对方,即便对方是一只纸老虎?

拥有心理优势才能感觉到自己强大

德国哲学家尼采曾经说过:

这个世界上,许多人太可怜了,因为他们往往连力所能及的事情都不肯做,能改正的缺点也不去改正。他们终日糊里糊涂,对一切事都视而不见,听而不闻,把天赋都消耗在无所事事中。他们对现实生活十分满足,不知道世界上还有一些人,正在努力改变着我们的文明和文化。

如果继续深究下去,这些人为什么如此懒惰呢?

理由很简单,就是他们缺少一颗勇敢和进取的心。

这些人周围的环境,支配着他们生活的,总是那些远古时代遗传下来的清规戒律和无知的偏见。这些荒唐滑稽的东西,深入他们的脑海,束缚他们的思想,使他们不能认识真正的人生和世界,使他们变得胆小、怯懦,毫无冒险和进取之心。

当然,当他们见到一个勇敢的人做了他们不敢做,甚至不敢想的事情之后，也会感到钦佩，并且还叹息道："为什么我不能如此做呢？"

原因很简单，就是一个"怕"字，怕思想，怕失败，怕冒险。

这种心理上的劣势，让他们感觉到自己是如此的渺小，如此的不堪一击。

那些脑海里只信奉远古时代遗传下来的清规戒律和无知的偏见的人，与没有开化的野蛮民族没有区别：领导在开会时一定要坐上座；普通人不能随便出入法院；男人可以寻花问柳，女人必须坚守妇道；男人钟情于一个已婚女人，是痴情，女人钟情于一个已婚男人，是不要脸。种种偏见，不胜枚举。

其实，这仅仅是内心层面的偏见而已。但对于他们来说，他们却不敢这样做，因为他们内心胆小，他们只是愚昧地相信清规戒律，却完全忽视了这些清规戒律早已经过时，与现在已经全不大相干了。

尼采提出一句警语：勇敢一些，去探寻未曾探究的领域。

只有内心强大的人，才具备这种勇敢，才能得到生活的愉快和生活的意义，要知道愚蠢的历史，都是因为胆小、畏惧、对古代传统和戒律的迷信造成的。

日本医学家渡边在对 136 名 90 岁以上的长寿老人进行健康调查时得知，长寿老人大多具有超于一般人的心理优势。

这些优势主要包括：

情绪稳定。长寿老人比较注重自己的情绪调适，使中枢神经处于相对稳定的良好状态，进而使机体的生理功能协调。95% 以上的长寿老人情绪安定，适应能力强，经受得起生活环境中的各种不良刺激。他们即使受到精神刺激或创伤，也能自我控制，并很快恢复心理平衡。

心境愉快。愉快标志着老年人身心活动协调。长寿老人大都精神愉悦，笑口常开。笑是一种简单而又愉快的运动，可使胸、膈、腹以及心、肺、肝等脏器都得到有益的活动，神经、骨骼和肌肉得到放松，且可驱除忧愁烦恼，减轻精神压力，抒发健康的感情，进而提高机体的免疫能力。

胸襟豁达。长寿老人在人际关系方面态度真诚和善，对同辈人尊重，对晚辈人慈爱，以宽厚的态度待人处世。这种长者的情怀和气质，是健康的保证。

这些老人就是心理强大的最直观的体现。

接下来举个事例：

在美国历史上，总有一些不幸的总统，林肯就是其中的一位。

这里的不幸不是林肯一生中高达三十次的失败，而是林肯在就任总统仪式上的不幸，这件事被称为"美国历史上最不幸的事件"，但这件被称为"美国历史上最不幸的事件"却为林肯赢得了美国公民对他的前所未有的尊重和爱戴。

林肯成功就任美国总统后，在庆祝仪式上，林肯的副总统安德鲁·约翰逊喝得醉醺醺的，竟然当着国会众议员，甚至有记者在场的情况下批评林肯，说林肯像是从野生动物园里跑出来的野马（林肯的脸比较长，而且出身微寒），并在接下来的演讲中语无伦次，甚至一度胡说八道起来，将就职典礼搞得一塌糊涂，连基本的礼节都顾不上了。

国会众议员看不过去，要求警察将他关进拘留所，让他在拘留所里醒醒酒。

林肯没有同意，只是派人将副总统约翰逊送回了家。

第二天，约翰逊酒醒了，想起昨日之事，惶恐万分，到林肯面前道歉。

接下来的事情，让林肯赢得了美国公民的尊重和爱戴。这是美国历史上除华盛顿之外，第二个在没有为美国公民做任何事情的情况下，获得美国公民的爱戴和拥护的总统。

林肯却说：我昨天也喝醉了，记不得这件事了。

这里，林肯宽容了约翰逊，也为自己做了一次很好的感情投资。

人的心理好比是一块净土，当受到外来的侵犯时，神经系统会不由自主地收缩，表示一种强烈的抵抗情绪。当两种强烈的情绪碰触到一起，就会产生强烈的化学反应，就会因此发生纠纷，产生分歧。

这并不是一个心理优势的人所选择的行为。

以林肯为例，当林肯在受到外力的侵犯时，在一定的限度内，他依靠强大的心理优势选择了宽容，容忍了别人的侵犯，出现的纠纷、分歧的问题随即迎刃而解。

生活中，人性的本能防御难免会导致与其他人发生冲突。比如，有人在背后恶语中伤，面对这种情况，人的心理防御会让你选择"以牙还牙",用同样的方式攻击对方。

但是,如果这样的话,你和恶语中伤的人有什么区别呢?

比如,当生活中的朋友背叛你的时候,你是选择伺机报复呢,还是选择默默承受,宽容他呢?

林肯说过:宽容是一件十分困难的事情,但正是在困难的事情面前,才能彰显一个人的心理优势,才能更加体现一个人真正的能力和实力。

林肯在竞选总统的过程中,他的出身成为他的竞争对手攻击他的把柄。

这天,一个傲慢的参议员对他说:林肯先生,在你开始拉拢别人之前,希望你记住你是个鞋匠的儿子,你的父亲只会替别人修鞋。

林肯并没有表现出愤怒,而是说:非常感谢你使我想起了我的父亲,他已经过世了,我一定记住你的忠告。

这个时候,参议院陷入了一片沉默。

林肯气定神闲地转过头,对那个傲慢的议员说:我的父亲在修鞋上非常不错,如果你的鞋子不合脚,我可以帮你改正它。虽然我无法像我的父亲一样,成为一个优秀的鞋匠,但我从小就跟我的父亲学会了做鞋子的技术。

说到这里,原来的嘲笑化作了真诚的掌声。

共和党和民主党是美国两个对立的政党,林肯对政敌同样采取了宽容的态度。这让林肯的拥护者非常不满,批评林肯:你为什么试图让政敌变成朋友呢?你应该想办法打压他们的势力,巩固自己的势力。

林肯温和地回答说：我现在做的就是在消灭政敌。你想想，当我们成为朋友时，政敌就不存在了。

这就是林肯的大智慧，具备一颗强大的心脏，具备超强的心理优势，将敌人变成朋友，敌人就不复存在了。

生活中，每个人都会犯错误，当我们犯错误的时候，总希望得到别人的宽容。为什么在别人犯错误的时候，我们不能用一颗强大的心去包容别人的错误，用心理的优势彰显自己最高的实力呢。

《易经》上说：天行健，君子以自强不息。地势坤，君子以厚德载物。

其中，厚德载物就是具备一颗强大的内心，去承担所有的事情。

子贡问孔子："有没有一个字，可以作为终身奉行的原则呢？"孔子说："那大概只有'恕'字。"要做到"恕"就需要具备一颗强大的内心去容忍一切，表面看似吃亏，实则是用心理优势击垮对方。

鲁迅先生曾经说过：走在大街上，听到背后传来骂声，我连头都不回，因为我根本不想知道是谁在骂？是在骂谁？

的确如此，具备一颗强大的心脏，具备心理优势。这样的心胸是常人无法比的，知道该干什么和不该干什么，知道什么事情应该认真，什么事情可以不屑一顾。

要真正做到这一点是很不容易的，首先就需要面对和解决心理弱小的缺陷。

第三章

消除导致内心不够强大的因素

优柔寡断是心理弱小的体现

美国第38任总统福特,曾经是密歇根大学的橄榄球明星。

福特由于性格优柔寡断,在处理问题时,做不到当机立断,常常会错过很多机会。

在大学内部举行的橄榄球比赛中,处理关键球的时候福特优柔寡断,失去了胜利的机会。

赛后总结时,福特首先发言:球队中的一些球员,总是戴着假面具去完成一场比赛。那个假面具,不但希望别人喜欢看,自己看了也会很得意。可是我们为什么要戴假面具,掩饰自己的本来面目呢?因为我们感觉到自己心理上的缺陷,懦弱、胆小,所以要用假面具来维持缺陷……

后来,福特在自己的回忆录中写道:那场比赛结束后,我发现了自己心理的缺陷。为了寻求心理平衡,我将自己的缺陷,我自己根本不能接受的性格特征投射到其他球员身上。在我心中,我一直坚信，他们也具有这些心理上的缺陷。其实，我想说，这仅仅是一种自我保护的意识，可以让我心灵上获得安宁。然而，很不幸，在我的话还没有说完的时候，就被森马博士粗野地打断了，"戴着假面具的人，往往会影响自己对人和事的正确判断……"

我知道，他指的是我，这件事促使我下定决心改变这种心理缺陷。

人的心理一旦存在优柔寡断的缺陷，生活就会十分苦恼和不幸，这种内心弱小的缺陷会让一个人出现神经衰弱、消化不良、失眠、怕羞、怕与有权力的人打交道、意志消沉等。所以，如果你要使自己身心健康快乐，你就非解决你的优柔寡断的心理缺陷不可。

从心理学的角度来说，优柔寡断属于心理弱小最直观、具体的体现，在处理一些重要问题方面，拿捏不定，一会儿向左，一会儿向右。

我写这一节，尽管不能向你提供解决这些问题的具体方法，但是我们已经有许多很好的书籍，都是一些权威心理学家撰写的，你可以买来读，从中找到方法来解决你的苦恼和不幸。

举个例子。

我有个朋友，想买台二手的电视机，去了旧货市场。由于都是二手家电，质量和价格参差不齐。他反复比较，反复动摇。结果跑了许多家商店，去了许多次，就是决定不下来。为此耽误了很多时间，最终花六十元买了一台，且时常抱怨买得不值。

一个优柔寡断的人，该是多么可怕？

心理学中，优柔寡断的主要表现是思想、情感不集中，难以使思想、情感有明确的指向。在具体的事情面前，总是徘徊在各种动机之间，在不同的目的以及不同的手段之间摇摆不定，迟迟做不出取舍。内心一直在进行激烈的斗争，总是怀疑自己所做出的决定的正确性，担心这种决定会给自己带来不利的后果。因此，即使做出了一些决定，也不能坚决执行。

美国心理学家梅奥经过长期的研究，认为人在处理问题时所表现的这种拿不定主意、优柔寡断的心理现象是心理弱小、意志薄弱的表现。

为什么这些人在遇到事情时，会反反复复、优柔寡断呢？

医治心理层面上的优柔寡断最好的办法是，你首先必须完全明白优柔寡断产生的原因，从根本上去克服。许多人对自己的优柔寡断的心理缺陷并不在意，甚至有人认为这完全是年龄的原因，随着年龄的增加，优柔寡断的心理缺陷会自然而然地消失。

但是这样的好事绝对不会有。

首先，寻找原因，原因主要有以下几个方面：

1. 认知层面上的障碍。

梅奥认为，人们对问题的本质缺乏清晰的认识，这是导致人遇事拿不定主意并产生心理冲突的主要原因。如果你仔细观察，你会发现，优柔寡断多发生在青年人身上，这是因为青年人涉世未深，对一些事物缺乏必要的知识和经验的缘故。

2. 心理潜意识层面的刺激。

梅奥认为，人的优柔寡断和成长经历有很大的关系，在成长过程中如果受到外界的强烈的刺激，会在心里留下阴影。一旦遇到类似的情境，便会产生消极的条件反射。

3. 家庭环境的影响。

梅奥经过研究发现，家庭成长环境对个人的性格影响很大。一个从小没有经历过挫折的人，一旦独自走上社会，遇事易出现优柔寡断的现象。

从认知的层面上来说，优柔寡断者大都具有如下性格特征：缺乏自信，感情脆弱，易受暗示，在集体中随大流，过分小心谨慎等等。

要真正解决心理上优柔寡断的缺陷，只有"心理再教育"一种方法，否则发展到精神崩溃的程度时，医治就更难了。

如何克服优柔寡断的性格缺陷呢？需要从以下几个方面入手：

1. 开阔视野，不断积累生活经验。书籍是人类的精华，是前人、今人各种经验的结晶，能给我们许多有益的借鉴和启迪。同时注意总结生活经验，提高自己把握现实生活经验的能力，这样就会增加主见，遇事便容易迅速做出准确的判断。

2. 把握自己的原则和底线，知道什么在规则之内，什么在规则之外。绝对不能做超出原则和底线以外的决定。

3. 打破常规思维，让自己更客观地看问题。别人对事情的观点和立场只能代表个人，不要被别人的观点所影响。要知道：对于任何一件事，每一个人的观点和想法都可能不一样。

4. 要培养坚强的意志。坚强的意志包括自觉性、坚韧性、自制力、果断性，较高的自觉性可使一个人不屈从于别人的意志，不盲目接受各种暗示；较高的果断性会使一个人较迅速、较准确地明辨是非，判断正误；较强的坚韧性会使一个人抵制各种不符合行动目的的主客观因素的干扰，做到坚持不懈，锲而不舍；较强的自信心能使一个人经常控制消极情绪，即使遇到挫折也能激励自己前进。

5. 要进行心理暗示。在做决定之前，提醒自己要果断，做了就不后悔，后悔就不做；其次是在处事时所作的考虑要周全，但不是琐碎而瞻前顾后，缩首畏尾。不要有太多顾虑，即使错了，也是对你的一次帮助，怕什么？没有失败，哪来成功！

在做决定的时候，如果还拿不定主意，就跟着第六感走，不管成功或失败都不用后悔，至少你努力过！一切都会过去的！用你的强大心理去挑战，没什么大不了的！

一个心理强大的人所产生的精神动力，往往是无所畏惧的。

虚荣心让人失去最美丽的亮点

美国心理学家马斯洛经过长期研究，把人的需求分成生理需求、安全需求、归属与爱的需求、尊重需求和自我实现需求五类，由较低层次逐渐排列为较高层次。各层次需要的基本含义如下：

生理上的需求是人类维持自身生存的最基本要求，包括呼吸、水、食物、睡眠、生理平衡、分泌、性等需求。这是人的基本需求，是推动人们行动最首要的动力。马斯洛认为，只有这些最基本的需要满足后，其他的需要才能成为新的激励因素。

安全上的需求包括人身安全、健康保障、资源所有性、财产所有性、道德保障、工作职位保障、家庭安全等。

这些是人的感受器官、效应器官、智能和其他能量的需求。和基本生存需求一样，当这种需要一旦相对满足后，也就不再成为激励因素了。

情感和归属的需求包括友情、爱情、性亲密等。这是感情归属的需求，这种需求比胜利的需求要复杂得多，满足的方式也是多种多样。

尊重的需求包括自我尊重、信心、成就、对他人尊重、被他人尊重。这是人性中高层次的需求，当人性达到一定的成熟阶段，需要得到来自外部的认可时，就会产生这种需求。比如，希望自己有稳定的社会地位，要求个人的能力和成就得到社会的承认。这里，对尊重的需要又分为内部尊重和外部尊重。内部尊重是指一个人希望在复杂的社会大环境下自身具备实力、能胜任、充满信心、独立自主。外部尊重是指在复杂的社会环境下，能够得到来自外界的认可和尊重。马斯洛认为，尊重需要得到满足，能使人对自己充满信心，对社会满腔热情，体验到自己活着的用处和价值。

最好层次的需求是精神层面上的追求，来自自我实现的需求，包括道德、创造力、自觉性、问题解决能力、公正度、接受现实能力等人性潜层次的满足,是指建立在外部条件上的实现个人理想、抱负,发挥个人的能力到最大程度,达到自我实现境界的人类需求。

这些需求因人而异,因外部环境的变化而变化。

根据马斯洛的需求理论,精神层面上的追求成为最高层次的追求。其中,虚荣心是建立在精神层面上的一种需求,但属于一种错位的需求。

人的心理需要得到别人的肯定和赞美,这是人之常情。以孩子来说,当我们夸奖他们时,他们会表现得非常高兴。然而,尽管事实上,他们不一定具备这种优点,只是我们期望他们做到这点而已。

许多商店的推销员都是满足别人虚荣心的专家,为了引起顾客的共鸣,提高销售量,很会选择时机。

有一次,我去买衣服,旁边正好有个妈妈带着孩子在购买衣服,销售员见到小朋友之后,对年轻的妈妈说:"你的孩子长得真漂亮。"年轻的妈妈会心一笑。

等年轻的妈妈带着孩子离开之后,我和销售员开起了玩笑,说:"你见到每一个小朋友都说他们很漂亮吗?如果遇到长得不好看的孩子,你怎么说呢?"

销售员笑着说:"遇到不漂亮的孩子,我会对家长说,'你的孩子长得真像你'。"

我问她:"为什么你要从别人的相貌方面而不是从品德、事业、才学方面夸奖呢?"

天!销售员接下来的一席话真的给我上了一堂课:

第三章 消除导致内心不够强大的因素

事业、才学、品德等方面都能满足别人的虚荣心，但从相貌上夸奖却是最直观、最容易的方式。人的心理需求让人对自己的相貌最重视。因为一个人的长相，一眼就可以看出来，不需要去揣摩别人的心理，揣摩对方需要品德的赞美、事业的赞赏还是其他方面。

身体消瘦的人，你可以说瘦是这个时代很多人追求的目标；身体偏胖的人，你可以告诉他，有福相；脸上有胎记，你可以对他说"记脸端金碗"；脸上有麻子，你可以对他说"麻子三分贵"……不管怎么说，都能找到合适的词语满足对方的虚荣心。

如果你的虚荣心很强，则恰恰容易被别人利用。连街头普通的售货员都能很好地利用，何况是复杂的人际沟通场合呢？

在这个世界上，有人为自卑所折磨，终生都在努力挣脱软弱无力的命运。有的人则需要不断地美化自己，炫耀自己，向世界证明自己是多么的不可一世。然而，往往是这种人，最容易失去身上的亮点。

虚荣心强的人，"比上不足比下有余"的生活环境使他们的心理很少经历过挫折。但是，也恰恰是因为他们没有经历过多的挫折，导致他们与世界并没有建立一种牢固的关系，他们一直漂浮在这个世界的表层，无法深入下去。

虚荣心强的人，总是活在别人的世界里，对自己真正想要什么、需要什么并没有概念，他们敏感的不是自己，而是周围的世界。这种人思想空虚，没有灵魂，只能以他们的社会属性，他们所占有的稀缺资源来代表他们的自我。

因此，虚荣心强的人，比任何一种人都更乐意屈服于社会价值排序，非常热衷于炫耀美貌、金钱和权力，炫耀手里的一切，甚至是别人的东西也会被他们用来炫耀。

以当前的中国为例，在中国，面子越大，说明这个人越有社会威望和地位，越能够支配着一定范围内的社会分配，如开着外国名车四处兜风、住豪华住宅、大操大办婚礼、葬礼等等。即使是一介草民也好面子，生怕别人瞧不起。中国人的酒席是概括面子的社会缩影。比如某人要向朋友或初次见面的人劝酒时，首先会说"干杯"，然后给对方倒酒，称为"敬酒"，意思是"以尊敬的心情献酒"。对方为了顾全面子要把酒一饮而尽。如果有人不胜酒力加以推辞，敬酒的人就会说"给点面子吧"。事情如果发展到这一步，往往再不胜酒力的人，也会皱着眉头把酒喝下去。这就是中国人的面子。小到琐事，大到决定国家政策的大事，面子在中国人生活的方方面面都发挥着不可小觑的作用。多么典型的虚荣主义！

过度的虚荣让人无法把握住真实的自己，别人一声吆喝，都会让你胆怯到极点。活在别人的口水里，这是一种不可饶恕的病。

害怕寂寞的人是被宠坏的孩子

动手写这篇文章时,我打电话给我的大学导师,请教他如何看待寂寞。

他的回答:"所谓的价值连城的古董,埋藏在地下谁也梦想不到已有千年,一出土却会有这么多人出这么高的价格购买它。"

这正是一些成功者所采取的办法,但现实中很多人却刚好反其道而行之。

如果有人发现自己被埋藏在地下,他的大脑中的第一反应是放弃,并说:"我完了,我被这个世界遗忘了。我的运气太差了,一点机会都没有。"

接下来,要么绝望、要么歇斯底里、要么苟延残喘。

结果呢?在世界还没有遗忘他之前,他已经把自己遗忘了,将自己放置到自我可怜的境地。

害怕寂寞的人,绝对不会让自己孤零零地面对世界。对于他们来说,他们不需要同伴,需要的只是精神上的一种寄托而已,他们没有"自我"。他的"自我"只是某一个阶层、某一种生活方式的折射,害怕寂寞的人,他的心里是空虚的,倾向于把某一类人纳入他的自我结构。

1947年,安迪酒醉后误被指控用枪制造了一场谋杀,被判无期,这意味着他将在肖申克监狱中度过余生。

走进监狱的第一天,安迪就进入了一场赌局。狱友瑞德是肖申克监狱中的"权威人物",他打赌新来的囚犯安迪第一天晚上一定会哭泣,结果安迪的沉默使他输掉了两包烟。瑞德的奇妙之处就在于他有办法搞到任何你想要的东西:香烟、糖果、酒,甚至是大麻,前提是你付得起钱。

一个监狱里的囚犯为何会有如此的能耐呢?

进入监狱之后,安迪不和任何人接触,在大家抱怨的同时,他却并不在乎,整天无所事事,在院子里很悠闲地散步。一个月后,安迪请瑞德帮他搞一件东西,是一把石锤,他的解释是他想雕刻一些小东西以消磨时光,并说他自己想办法逃过狱方的例行检查。不久之后,瑞德就玩上了安迪雕刻的国际象棋。

一次,安迪无意间听到监狱官在讲有关税收的事。安迪说他有办法可以使监狱官合法地免去这一大笔税金,作为交换,他为十几个犯人朋友每人争得了3瓶啤酒。喝着啤酒,瑞德说多年来,他又第一次感受到了自由的感觉。

安迪在进监狱之前,是一家银行的行长,具备税收方面的知识。

安迪的能力让身处监狱的他声名远扬,他开始为越来越多的狱警处理税务问题。与此同时,安迪也逐步成为肖申克监狱长诺顿洗黑钱的关键人物。

此时,一个年轻犯人的到来打破了狱中平静的生活:这个犯人告诉了安迪被冤枉的真相。但当安迪向监狱长提出要求上报这一情况以争取重新审理此案时,却遭到了断然拒绝,并受到了单独禁闭

第三章 消除导致内心不够强大的因素

一个月的严重惩罚。原因居然是监狱长需要有人为他洗黑钱。

残酷的现实让安迪变得很孤独……终于有一天,安迪成功越狱。

原来,安迪每天都在用那把小石锤挖洞,然后用海报将洞口遮住。同时,监狱长一直让安迪为他做黑账、洗钱,将他用监狱的廉价劳动力赚来的黑钱一笔笔转出去。而安迪将这些黑钱全部寄放在一个叫斯蒂文的人的名下,其实这个斯蒂文是安迪虚构出来的人物,安迪为斯蒂文做了驾驶证、身份证等各种证明,可谓天衣无缝。安迪越狱后,用斯蒂文这个化名,以斯蒂文的身份领走了监狱长存的部分黑钱,用这笔钱过上了不错的生活,并告发了监狱长贪污受贿的真相。监狱长在自己存小账本的保险柜里见到的是安迪留下的一本圣经,扉页上写着:

监狱长,您说得对,救赎就在里面。

聪明的监狱长看到里边挖空的部分正好可以放下小石锤时,猛然领悟到其实安迪一直都没有屈服过。

这就是著名的电影《肖申克的救赎》,安迪,一个在寂寞的环境中迸发出智慧的人。

一个害怕孤独的人,他的心理是脆弱的,一旦寂寞来袭,他会坐立不安,出现烦躁、无奈的情绪,像失去了灵魂一样。

前面说过,人的心理,主要由"动物性"、"社会性"、"个人性"三种心理组合而成,动物性充斥着野蛮;社会性则是建立在"双赢"的基础上的一种心理,是一种为维持秩序的需要;个人性,属于心灵的产物。

其中，人的社会性是人区别于动物的重要特征。人们的饮食、工作、娱乐，这些都属于社会性的活动。一日之中，一月之中，乃至一生之中，计算我们单独度过的时间，实在是很少一部分时间。

人的一切价值，都是社会价值。所以我们生活中最重要的一件事，就是和人类保持密切联系。因为一个人至少可以得到另外一个人的赞赏和爱情，他的大部分光阴便不得不用在和别人相处上，这是自然的、应该的。

但是，如果说人绝对不应该花费一些时间单独度过，也是重大的错误，更是一个人的重大损失。

哲学家尼采曾经说过：没有寂寞的社会生活，就像是缺少盐的食物，淡而无味。

寂寞要是值得的话，我们需要用相当的艺术去修炼它。

然而，如果被埋藏在地下的是个聪明人，他会说："上天给了我一个这么好的升值的机会，我应该怎么利用呢？怎样做才能提高我的价值呢？"

美国已故的行为心理学家华生，在研究人的行为心理时，曾经宣称，"我发现有一种不可思议的特性，是'习惯群居性的人类在独居中能够发挥强大的力量'。"

没有人喜欢寂寞，但每个人又不得不面对寂寞。在生活中，不可能每天每时每刻都有人围绕在你的身边，即便你的身边任何时候都有人出现，但是你心灵的孤独谁可以弥补？

其实，寂寞就像是清洁剂一般，可以荡涤人的心灵。迷茫的时候，在寂寞的环境中，你可以静下心来，认真地分析周围的环境，能够有助于你识别方向，从而看清未来的路。寂寞有的时候就好像是早晨雨后清新的空气，能够陶冶你的情操，孤独的环境，能够有助于你滋生智慧的光芒，能够引导你走向理智的路途。寂寞是磨炼人意志的最无情时光，是体现人胸怀的最公平砝码，是检验人品德的最好试金石。

寂寞是痛苦，也是快乐；让人讨厌，也招人喜欢；既丑恶，也美丽迷人！因为只有耐得住寂寞的人，才是真正心理强大的人，只有这种人才能够经得起诱惑，才能够走向成功。

"耐得住寂寞，经得起诱惑"，实在是人生珍贵的箴言！这不仅是实现理想过程中必备的心理素质，更是一种坚定的信念与态度。寂寞是内忧，诱惑是外扰；寂寞考察心境，诱惑考验定力。当然"耐得住寂寞，经得起诱惑"，不是盲目的排斥，而是客观的审视；不是消极的固守、不思进取，而是积极的展望，兑现承诺；不是满足现状的自慰和借口，而是对完美和梦想的执著与追求。

《礼记》中说："人生而静，天之性也，感物而动，性之欲也。"可见感物而动是人的天性。孤独久了，人容易感物而动。因此，坚守孤独，我们就会对生活中的得失和快乐有更深的感悟，对人生的领悟和理解有更大的升华。

不自信是心理强大的绊脚石

操纵着我们内心弱小的种种因素中,恐惧、社会价值排序、假自我、寻求确定性、不能坚持自我等,这些都源于内心的不自信。

不自信是现代社会的一种通病,不属于穷人、丑人的专利。一个有钱人在穷人面前很有自信,但在比他更有钱的人面前,会表现得很自卑。一只仙鹤在鸡群中会表现得很自信,但在一群凤凰中,会表现得很自卑。因此,不自信是一种通病。

因为不自信的心理,人们无法消除内心的恐惧感,无法消除社会价值排序对自己某种行为的影响,无法寻求真正的自我,不能做到坚持自我,这种种的结果让我们无法体验到安全感,心理时刻处于风声鹤唳的状态中,外界的任何一点小变化,都会让心理世界发生极大的波动。

内心强大特别需要自信、自尊这些具有积极性的词语来促进心理世界中积极进取的一面,以此让内心获得勇气去面对并征服复杂的外部世界。

关于自信,西方语言是这样评述的:

Believe that one is right on something or that one is able to do something.

认为自己能做某件事就可以拥有自信。

人们在社会生活中需要一种自然心境。简单来说,就是人们尝试着用自己有限的经验去把握这个陌生世界时的那种忐忑不安的心理过程。从心理层面来说，自信是一种内心世界的标准，它的心理功能主要是掩饰人们对外部世界不可知的恐惧。

不自信的人，心理功能无法起到掩饰对外部世界不可知的恐惧的作用，这是一种不健康的心理状态。

卡耐基曾经说过："一个人能否克服对未知世界的恐惧，决定着未来的事业高度和人生高度。"

一个充满自信的人，能够正确地实事求是地估价自己的知识、能力，能虚心接受他人的正确意见，对自己所从事的事业充满信心。

自信心是一种内在的精神力量，它能鼓舞人们去克服困难，不断进步。俄国作家高尔基指出："只有满怀信心的人，才能在任何地方都把自己沉浸在生活中，并实现自己的理想。"

然而，生活中人们很难能够克服对未知世界的恐惧。

例如，你即将在公开场合进行一次演讲，可能你会感受到上台的恐惧，可能你会感觉到口干舌燥，肢体僵硬，感到窒息，说话结巴，大脑一片空白，你甚至会想到临阵逃脱。

罗宾逊教授在《思想的精髓》一书中这样说道：

对大多数人来说，当众讲话是个未知数，其结果不免令人充满焦虑和恐惧。对于一个新手来说，那更是一连串复杂而陌生的挑战，它要比学习打网球或者驾驶汽车更为繁杂。

感觉到口干舌燥的原因是因为对未知的恐惧，你无法预料到在接下来的演讲过程中，你或者听众会发生什么样的状况。这种无法预知的状态困扰着你，让你生理上和心理上出现了各种非常态的表现。

心理学家威廉·詹姆斯写道：行动似乎紧随于感觉之后，但事实上却是行动与感觉并行；行动在意志的直接控制之下，受着意志约束，我们可以间接约束感觉，而它是不受意志的直接控制的。因此，假若我们失去了原有的自然的欢乐，那么，通往欢乐最佳的方法，即是快快乐乐地站起来、说话，表现得好像欢乐就在那里。如果这样的举动不能让你觉得快乐，那就别无良方了。所以，感觉勇敢起来，表现得好像真的很勇敢，运用一切意志来达成那个目标，勇气就很可能会取代恐惧感。

要发挥心理功能，需要克服对外部世界不可知的恐惧，人要有真正的自信，就必须假定这个世界是可知的，万物都是有规律可循的，真理也只有一个，并且人是可以掌管和支配这个世界的。

当然，人们的这些假定很大程度上只是人类的一厢情愿。面对现实中不可知的世界，我们内心知道世界是难以把握的，世界万事万物的有序性是无穷的复杂、混沌、多样性和无序中少得可怜的东西，且必须在有限的时空中这种有序才有意义。绝对的真理也不存在，因为不同的文化会构建不同的真理，不同的宗教有不同的真理。希望拥有完全的自信可能只是人类的一种梦想，类似精神的自慰。

安德森教授在他的《下决心的过程》中写道：

"我们有时会在毫无抗拒或热情淹没的情形下改变自己的想法，但是如果有人说我们错了，反而会使我们迁怒对方，更固执己见。我们会毫无根据地形成自己的想法，但如果有人不同意我们的想法时，我们反而会全心全意维护我们的想法。显然，不是那些想法对我们珍贵，而是我们的自尊心受到了威胁……'我的'这个简单的词，是做人处世的关系中最重要的，妥善运用这两个字才是智慧之源。不论说'我的'晚餐，'我的'狗，'我的'房子，'我的'父亲，'我的'国家或'我的'上帝，都具备相同的力量。我们不但不喜欢说我的表不准，或我的车太破旧，也讨厌别人纠正我们对火车的知识……我们愿意继续相信以往惯于相信的事，而如果我们所相信的事遭到了怀疑，我们就会找借口为自己的信念辩护。结果呢，多数我们所谓的推理，变成找借口来继续相信我们早已相信的事物。"

人们的洞察力毕竟有限，在有限的洞察力面前，我们要保持自信，但这种自信不是只相信自己不相信他人。自信是一种积极性，自信就是在自我评价上的积极态度，是自我评价的积极态。狭义地讲，自信是与积极密切相关的事情。没有自信的积极，是软弱的、不彻底的、低能的、低效的积极。

不够自信是内心世界不够强大的重要原因。要建立强大的内心世界，就需要培养自信心。

李嘉诚在谈到他的经营秘诀时说："我的成功其实也没什么特别的，光景好时，决不过分乐观；光景不好时，也不过度悲观。"

他所说的这种不过分乐观和不过分悲观，其实就是一种特有的自信。一个人只有自信才能不被外力所左右，只有自信才能保持内心的强大，才能做出正确的决定。

急功近利是这个时代的浮躁病

在这个焦虑弥漫、浮躁而暴戾的年代,急功近利似乎成了很多人追逐的目标。对于这种人而言,一万年太久,只争朝夕,是对他们最真实的写照。

这种人对太多的事情都很敏感,似乎周边的一丝风吹草动都能够唤起他们的情绪。在他们看来,俨然明天就是世界末日。

心理学家梅奥经过研究发现,急功近利是一种自杀的行为!

结合当前中国社会的现实,我来问两个问题:

1. 你活着急匆匆地到底是为了什么?

是为了钱、房子、汽车吗?如果是因为年轻,所以就忙着寻求这些,那么很快你就可以拥有了,到时候你还想要什么?房子、车子、钱属于我们奋斗之后的产物,并不是我们奋斗的目标。如果我们奋斗仅仅是为了得到车子、房子,那你的奋斗目标定得太低了。再想想,如果某一天车子、房子都有了,你还需要为什么奋斗?

2. 你有自身的人格精神吗?

人生的智慧往往在于超越自己年龄的限制,做同龄人或平常人所无法做到的。人是要有一点精神的,如果最起码的韧性都消失了,一点点苦难就叫,那就需要自我反省了。

与其他心理弱小的特征相比较,急功近利的人,一般在心理上已经超过同龄人,他活在一种加速度的时代中。这种人往往经不起失败的打击。由于他们对成功的期望很高,且不想耗费太多的力气,总想以小博大,希望事半功倍。可现实又往往不因人的主观意愿而改变,当然就容易失望、失落。也有些人因急于求成而拼命工作,不断自我加压,总是苛求自己,结果常常因心有余而力不足导致失败,并诱发抑郁症、自闭症等心理障碍。

人生的路很漫长,需要一步步地前行,你走那么着急干什么?

2010年10月,两个光着膀子、叼着烟、喝着啤酒的农民工兄弟,在一个出租屋内,一时兴起录制了一段视频《春天里》。

在短短的几天时间里,视频的点击率高达数百万,44岁的河南人王旭和26岁的东北汉子刘刚成了红人。之后,参加《星光大道》,竞争《我要上春晚》,最终众望所归地站在了2011年央视春晚的舞台上。一举成名,这就是家喻户晓的旭日阳刚组合。

这使一些人看到了快速成功的榜样,于是纷纷效仿。北京、广州、上海的地下通道在几天的时间里多了很多草根歌手。记者对几十名草根歌手进行调查,结果发现草根歌手中,七成为在校高中生。当问及为什么要选择当草根歌手时,很多人直言不讳地宣称:"十年寒窗,还不如做个像旭日阳刚一样的歌手。"

这群执著的人是把做草根歌手当成自己功成名就的一条捷径了。而这条捷径是否真的可行,值得商榷。

当前社会,是一个浮躁的社会,这种浮躁让很多人的心都不再平静,像长草了一样。在他们的眼中,世界是一个凸显自己强烈欲望的工具。

比如，当前的一些家长，总希望孩子的学习能很快进步，成绩能够迅速提高，然而这是不现实的。所有的学习都必须循序渐进，逐渐提高。尤其是在孩子上到高年级发现学习成绩不理想，家长会急躁得像热锅上的蚂蚁，寻找所有可能的方法，妄想着让孩子在哪怕是一天里提高成绩。

《火烧连营八百里》是三国时期一个著名的战争事例：

221年，刘备为报吴国夺取荆州，以及关羽被杀的大仇，不顾文武百官的劝谏，率大军攻打东吴。起兵之时，蜀军一路浩浩荡荡，气势恢弘，斩将夺关，蜂拥而来。

在进军的过程中，刘备打了几个小胜仗，喜不自胜。后来，又听说东吴任命一介书生陆逊为都督，更是不放在眼里，便催促各路人马加速前行。

陆逊为了避其锋，坚守不战，双方形成对峙之势。蜀军远道而来，补给困难，又不能速战速决，加上入夏以后天气炎热，导致士兵锐气渐失，士气低落。

刘备为延缓军士酷热的痛苦，命令大军在山林中安营扎寨，以避暑热。陆逊看准时机，命士兵每人带一把茅草，到达蜀军营垒时边放火边猛攻。蜀军营寨的木栅和周围的林木都是易燃的东西，火势迅速在各营蔓延。蜀军大乱，被吴军连破四十余营。

刘备死前大呼："我竟然被陆逊所辱，岂不是天意？"

其实，哪里有什么天意，完全是刘备见小利、求速成酿成的苦果。

急功近利的人，对时间的概念会被急剧压缩，原来以日为单位的时间，能被他压缩到以秒计，每一秒都要产生价值，都要看到成果。其实，急功近利的人，潜意识里是一个懦夫，对时间感觉到恐怖，急不可耐是他们的心理特征。

急功近利的人，他的自我已经完全被破坏，但他却不肯承认，也意识不到自我的破坏，他更不肯在精神上毁灭自己。他只有一个目的，用压缩时间来克制内心对不确定性的恐惧。未知世界的不确定性破坏了他的精神结构，他需要用压缩时间的方法来抗衡。

古语说："欲速则不达"。没有经过千锤百炼的铁块是无法铸成削铁如泥的宝剑的。只有脚踏实地，一步一个脚印向前走，根基才会打得更加坚实，在此基础上建立起来的成就才会稳如泰山。

当前社会中，从"卡耐基"热潮，到后来唐骏的"我的成功可以复制"的火爆，这些成功人士的成名方式点燃了很多人内心的欲望，很多人都想在这种思潮下，"复制成功"，减少达到成功的时间和挫折。

避免急功近利，需要保持理性，武装头脑，武装技术，这需要建立在现实的基础上，一步步地实现。就好比，在你的面前延伸着一条 1000 米的小路，这条小路的尽头有你想要的礼物。要拿到那件礼物，就需要从小路的这头走到那头，你可以依靠双脚一步步地走过去，也可以借助交通工具实现目的。但不管是哪种方式，你必须走完这条 1000 米的小路，这是路径。

想要拿到小路尽头的礼物，没有捷径可走，因为它就摆在你的面前，你可以通过另外一条路，但同样需要走上 1000 米，甚至还要更远。

不管你对礼物的需求有多迫切,都需要你一步步地走过去。奔跑和借助交通工具,只是减少了到达小路尽头的时间,却不会缩短这段距离。

脚踏实地地让自己一步步拥有相应的条件和能力,才能实现你的大期望。

知识的匮乏无法撑起内心的强大

看下面的一列内容,分别是一些作出不凡成就的人的资料:

李嘉诚,82岁,长江实业有限公司董事局主席兼总经理,学历中学退学。

鲁冠球,66岁,万向集团总裁,初中辍学。

叶立培,67岁,仲盛集团董事长兼总裁,工商管理硕士。

许荣茂,61岁,世茂集团总裁,福建大学毕业。

杨卓舒,59岁,河北卓达集团董事长,河北师范大学大专毕业。

黄光裕,41岁,鹏润集团总裁兼董事长,大专毕业。

黄茂如,46岁,茂业集团总裁,学历本科。

荣智健,69岁,中信泰富集团前董事长,天津大学本科毕业。

陈天桥,37岁,盛大网络公司总裁,复旦大学经济系本科毕业。

第三章 消除导致内心不够强大的因素

李泽钜，46岁，长江实业集团副主席，美国斯坦福大学结构工程硕士。

李泽楷，44岁，电讯盈科主席，美国斯坦福大学电脑工程系硕士。

丁　磊，40岁，网易公司总裁，成都电子科技大学毕业。

黄一孟，28岁，VeryCD创始人、CEO，上海大学毕业。

王学集，28岁，phpWind创始人、CEO，浙江理工大学毕业。

王晨昀，30岁，网星创始人、CEO，上海理工大学毕业。

戴志康，29岁，康盛创想创始人、CEO，哈尔滨工程大学毕业。

姚剑军，28岁，站长站创始人、CEO，福建泉州大学毕业。

韩　华，27岁，我爱打折网创始人、CEO，北京航空航天大学项目管理硕士。

彭海涛，27岁，锦天科技董事长，四川大学毕业。

李　想，29岁，泡泡网创始人，高中辍学。

看完这些之后，你有什么感想？

是不是经常听到一些人这样说："看看那些有钱的人，有几个是高学历？他们几乎每一个人都没有上过大学。"

这话听起来似乎非常有道理，看看李嘉诚、鲁冠球、黄光裕这些富翁，他们的学历的确不高，但是还需要记住：世界上只有一个李嘉诚，只有一个黄光裕，那么多低学历的人中只出现了他们几个屈指可数的人，这又表明了什么？

再看看这么几个人，陈天桥、李泽钜、丁磊，以及几个新生代的富人,他们的学历有几个还是李嘉诚、鲁冠球、黄光裕这样的学历?

缺乏知识的人,能带来财富的日子已经成为过去。

时代孕育成功者,但是这些成功者都是具备丰富的知识,拥有一个强大的心脏的人。

在现代科学技术日益发展的今天,一个缺乏知识的人已经很难在社会上有一番作为。

有句话说:"学历是成为富人的敲门砖",这句话说得非常对。一个人想走进一家大公司,想在大公司里得到锻炼,首先就要进入这家公司,如果连走进这家公司的机会都没有,又怎么能够得到锻炼?

一位资深知识人士说道:"年轻、教育背景好,心理素质高,对新事物敏感,富于创造力,充分了解世界经济发展潮流是这个知识富翁群体的画像。"

马戈说:"多则价廉,万物皆然,唯独知识例外。知识越丰富,则价值就越昂贵。"

对这些人的调查表明,他们在自己具备的素质中,都有这么一条:心理素质强。

他们的心理素质强,是建立在他们丰富的知识之上的。

知识是一种不可或缺的东西,一个人想要有一番作为,知识是必不可少的。

当然,社会上有很多人认为知识可有可无,有这种思想的人,很难能够有所成就。无知是绝对的,知识是相对的。

若知识是一个圆球,则无知是包裹这个圆球的无垠的空间。

人们对知识的探索,只能是使知识这个圆球不断有所膨胀而已。这便是知道得越多,认识的也越多,需要学习的也就越多。一个具备了丰富的知识的人,能够事先对事情进行推理判断,消除了心理对不确定性的恐惧感,从而能使心理变得强大。

李嘉诚在谈到自己成功的历程中指出,不会学习的人就不会成功;不会总结的人就难以战胜失败。正因为如此,李嘉诚一直以不断学习和不断总结的精神督促自己,不断前进,不断进步。

李嘉诚曾这样形容过自己:"人家求学,我是在抢学问。"他认为,善于"抢学问",就是在抢财富,抢未来。

李嘉诚为什么会这么说?看看李嘉诚成长的历程便可得知。

李嘉诚,从清贫困苦的学徒少年到"塑胶花大王",从地产的大亨到股市的大腕,从商界的超人到知识经济的巨擘,从行业的至尊到现代高科技的急先锋。李嘉诚一路走来,几乎都能占得先机,发出时代的新声,争得巨大的财富。他一生勤奋学习,博览群书,靠知识引导前行,敢于不断尝试新的未曾涉猎的领域,并屡有丰厚的收获。他的每一次战略抉择,既能适应产业、行业趋势的变迁,又能够推动社会的进步和发展。

在李嘉诚创建"长江塑胶厂"的头几年,在香港当地的塑胶及玩具厂已有300多家,长江塑胶厂只不过是其中的一家,而且还只是一家经营状况良好,但缺乏特色的名不见经传的小厂。显而易见,这样的市场竞争是激烈的,工厂的生存处境是艰难的。

李嘉诚意识到，只有寻求巨大的突破，才能使长江塑胶厂从同行业中脱颖而出，获得飞速的发展。李嘉诚时刻敏锐地关注着塑胶行业的任何一个动向。终于，李嘉诚在阅读英文版《塑胶》杂志时，发现一则有关意大利的一家公司用塑胶原料设计制造的塑胶花即将销往欧美市场的消息。李嘉诚当即决定，前往意大利去学艺。

学成归来，香港迎来了一个塑胶花的黄金时代，李嘉诚荣获蜚声香港的"塑胶花大王"的美誉，为打造未来的商业王国攫取了第一桶金。

其实，李嘉诚一生中无数次把握住财富的机会，每每得到幸运之神的眷顾和垂青，别无他法，不过是他孜孜不倦地追求知识，依靠知识构建了自己强大的心理素质的必然收获。

正如李嘉诚自己所说："我们身处瞬息万变的社会中，全球迈向一体化，科技不断创新，先进的资讯系统制造新的财富、新的经济周期、生活及社会。我们必须掌握这些转变，应该求知、求创新，加强能力在稳健的基础上力求发展，居安思危。无论发展得多好，你时刻都要做好准备。财富源自知识，知识才是最宝贵的资产。"

尽管已经取得了巨大的成功，但是李嘉诚依然一如既往地保持着旺盛的求知欲望。

这么多年奋斗的过程中，李嘉诚养成了一个非常好的习惯：

每天晚上睡觉前，都要看半个小时的书或杂志，学习知识、了解行情、掌握信息。这些知识启迪了他的心智，刺激了他的思考。让他在孜孜不倦地追求着新的东西，每天都在进步，这些也成就了他事业的发展。

借助知识的帮助，一个人可以减少心理对不确定性的恐惧，从而实现心理的强大。一个知识饱满的人，做事情不会模棱两可，会以一种稳定的气场处理一切，从容应对，运筹帷幄，这就是知识带给人的心理的强大的力量。

自私是脚踝上的枷锁

心理学家认为，支配人处理与他人、社会利益关系的规则是"利己"，如同你与别人一起做生意，不管亏盈，你都会得到属于你的那部分。

目前，关于自私，比较有说服力的价值观，有以下几种：

一、"我"为了能够有金钱供自己享乐，我通过各种手段，甚至非法手段去占有能够供享乐用的钱财，这是人性的本质上的自我，是为了"我"。

二、"我"为了赚钱，付出自己的努力，为他人提供了某种商品或服务，然而赚了钱，这是为了我。

三、"我"在认知上，认为人应为国家、民族、社会、他人的利益服务才是有价值的、崇高的、光荣的。因此，"我"选择了牺牲自己，以有利于国家、民族、社会、他人的行为。由于这种选择符合"我"，这也是"为了我"。

这三类为"我"的行为，就客观社会效果而论，其差别显而易见，第一种行为是"损人利己"，第二种行为则是"利人利己"，这恐怕没有异议。但第三类行为同样属于"利己利人"，因为道德的性质介于习俗和信仰之间。

当然，这三种行为，再深究，在第一种行为背后，不仅存在"为了我"的观念动机，而且存在"为了我，可以甚至必须牺牲他人利益"的观念；第二种行为也存在"为了我"的观念，但同时又存在"我需要兼顾他人利益，以防我的利益被阻碍或消耗"的观念，所以一般都是把兼顾他人利益作为限制条件下获得自身利益最大化的手段；第三种行为背后的主观意识又怎样呢？"我认为这样做，才正确，才光荣，才崇高，所以我这样做了"，"我"这样做符合我的价值观念，因此，这也是"为了我"。"我"的价值观念中，存在"应为国家、民族、社会、他人利益服务"的意识，即"舍己为人"。

社会上，每个人都希望将自身利益最大化，包括所谓感情、自我认同、社会尊重，人类渴望与需要得到或维持的状态、事物都属于利益范畴，只不过并非以金钱为唯一标准。

不管是哪一种行为，都是为自身的私利考虑的。人不可能做出不符合自身意愿的行为，但意识决定行为，环境影响意识。由此看来，三类行为背后的主观意识、动机的差异是不存在的。

自私是一个人心理弱小的表现之一。上面已经说到，自私作为人的属性之一，作为广泛而复杂的社会现象，既可表现为人的客观行为，又可表现为人的主观意识、观念、动机。由于人的意识、行为的统一性，自私可兼指行为、观念二者；又因为人的行为、意识之间可能脱节，空间时间上发生分离，或以矛盾的形式出现，它又可独指行为或观念。

但是，不是所有的人都是自私的，因为对于很多人来说，它可能仅仅是一种生活需要。只有在这种心理的支配下，自私的心理倾向才能构成性格。如果是为自私而自私，如果我不对某些物质拥有占有权，我就不会有安全感，会处于不确定性的环境中，甚至可以说，我会觉得我一无所有，根本活不下去。

自私的人有一个明显的特点："自我"好像从未发育。依靠自我，一个自私的人无法在心理上生存，他必须不断地占有世界上的很多东西，把它们吸收到自己的身体内，借以让他的自我变得强大。对越多的东西拥有支配权，他就越感觉到自己的强大。

在这个世界上，最势利的人可能不是自私的人，但确定无疑的是，他们普遍势利，而且很多时候不会虚伪地掩盖，而是以一种赤裸裸的形式展现在别人面前。你在贫穷或富裕的时候，他对你的态度完全不一样，在交朋友的时候，会有选择性地交友。从心理层面上来说，他们没有朋友，他所交往的朋友都是建立在物质或者精神层面的基础上，能够给他物质或者精神层面的帮助，才能够引起他交往的兴趣。

自私的人不相信命运，却相信运气和奇迹。对他们而言，命运是一个让人沮丧的东西,他们拒绝服从。但他们总期盼一次又一次的好运,期盼有朝一日奇迹出现。

在一本书上看到过这样一个故事:

一个中年人站在一座高高的吊桥上,桥下是湍急的河水。他点上最后一根烟,因为他就要离开这个世界了。

他曾经是一个富翁,如今却要结束自己的生命。他体验过各种不同的生活,也曾经纵情感官享受,四处游荡,寻找刺激,酗酒和吸毒,而现在他却遭逢生命中致命的打击——婚姻失败。

没有一个女人能与他相处超过一个月,因为他的要求太多,却从不付出。或许河水是他最好的归宿。这时一个衣衫褴褛的人经过他身边,看着站在黑暗中的他说:"给我一块钱吧,先生。"他在阴影中笑了起来。"一块钱?一块钱能做什么?没问题,我这儿有一块。老兄,我的钱还不少呢!"

他掏出皮夹。"在这儿,拿去吧!"皮夹里大概有一百块钱,他把钱都拿出来,塞给那个流浪汉。

"这是干什么?"流浪汉问。

"没什么,因为我要去的地方,用不着这个了。"他往下瞥了一眼河水。

流浪汉拿着钞票,不知所措,好一会儿,才对他说:"不行,先生,你不能那么做。我虽然是个乞丐,却不是懦夫,我不拿你的钱。你带着你的钱,一起跳河吧!"

第三章 消除导致内心不够强大的因素

他把钞票丢过栏杆，钞票一张张随风飘动，纷飞四散，慢慢地落进了黑漆漆的河水中。

"再见，懦夫。"流浪汉掉头就走了。

想自我了断的富翁，这时如梦初醒，他突然希望流浪汉能得到那些丢掉的钱。他希望付出，可是却办不到！

这个世界上，有人用金钱来代替理想，为了金钱，他可以拼命赚钱，有钱后就大把撒钱，甚至倾家荡产，这类人往往是极端自私和自利的人。

原因很简单，对他们来说，金钱本身并不能带来意义，它只是工具，是消除自身不确定性的工具。

自私就是一扇门，关闭一个人心理强大的门，让所有能够支撑心理强大的因素都被排斥在这扇门之外。拒绝承认除了私人拥有的一切属于公共的物质，唯一的游戏规则就是占有，全部地占有。

这种人就是关起门来数战利品，孤芳自赏的人。

拖拉是恐惧感最直观的体现

一直以来，拖拉现象渐渐成为一种严重的情绪现象，开始蔓延开来。

在拖拉问题上，有一些人明知自己整日懒懒散散，事事拖拖拉拉，也知道这种状态不好，却迟迟走不出阴影。很多人认为这是缺乏毅力，其实这也是心理弱小的一种表现。

患有抑郁的人有一些共同的特征，比如缩、拖、呆。患有抑郁症后，一个人从思维到行为的速度和强度都会有所减弱。例如思维过程会变得缓慢，说话有气无力，语速很慢；很简单的小事也反复思考，迟迟拿不定主意；对自己、他人缺乏信心，办事拖泥带水。

除了工作上的拖拉之外，生活上得过且过就更为突出了。生活节奏变得疏懒，常常发呆，不言不语，脑子空空，流露出内心深处的痛苦。

这种现象越来越引起心理学家的关注，从人的自知方面来说，拖拉是一个人心理弱小的重要方面。

我还是先说一个故事吧！

有一阵子公司非常忙，经常加班到晚上七八点钟。造成加班的原因很简单，在前一段时间拖沓的任务，完全赶到了一起。整天电话嘟嘟响，不是客户要这个文件，就是领导要那份报表。总之，是比较忙碌。

第三章 消除导致内心不够强大的因素

这种感觉似乎让我回到了求学生涯时期,似乎上大学期间,这种现象时常发生。对于导师布置的一项任务或作业,总是快到最后期限才开始着急,忙里忙慌的,拖到最后的规定时间才正式提交。

在这个时候,心里往往会不甘心,会强调说"如果再多给我一天时间,我会做得更好……"

然而事实上,确实可以做得更好吗?

心理学家梅奥给出的答案是否定的。

卡耐基的家庭条件很不好,十多岁的时候,每天早晨,他骑马进城上学。放学后急匆匆地骑马赶回家里,挤牛奶,修剪树木,收拾残汤剩饭喂猪……在学校里,瘦弱、苍白的卡耐基永远穿着一件破旧而不合身的夹克,一副失魂落魄的样子。这让他在同学中显得很不合群。

这天,黛丽丝小姐布置了一项任务,让每个同学说出自己劳动时的想法,时限是四天。

卡耐基认为这非常简单,四天的时间完全够用了,他将这件事抛在了脑后。

"像往常一样,我走进教室,看到黛丽丝小姐站在那里,看到所有的同学都在忙碌地写着什么,我依旧不知道发生了什么事情。老师问我:'戴尔,你把你的作业给老师看看。'此时我才想到作业,我撒了个谎:'老师,我忘记在家里了,我今天中午放学回去之后拿给你。'"

"我不知道黛丽丝小姐有没有看出我在撒谎,但看得出来,她很生气。我开始努力地写，抓紧任何一点可能的时间，我要赶在中午休息之前完成，否则只能趴在马背上写了。我完成了，在中午休息之前完成了。"

"下午赶到学校，我第一时间交给了黛丽丝小姐。我如释重负。后来，这篇在匆忙之间完成的作业，居然获得了第一名，让我站在全班同学面前朗诵。我很自豪。其实，我想说：'如果再给我多一些时间，我会写得更好'（是不是真的能够完成得更好，未必！）。"

后来，卡耐基了解到所有的同学都和自己一样，都在最后时间着手完成任务。

人的心理有一种本能的懒惰现象，对于不需要马上完成的任务，在懒惰心理的支持下，总是习惯于在最后期限即将到来之前，才努力去完成。

例如，事例一的现象，所有的事情全部赶到了一起；卡耐基在最后的时间里完成了黛丽丝交代的任务，就是因为在懒惰心理的支配下，不愿意着手解决问题，完成任务。这是一种拖拉现象。

大多数人都具有一种拖拉的倾向：在面临某一问题时，如果时间允许，总是喜欢延后。内心总觉得准备不足。至于该准备什么，内心根本就不知道。其实，这种准备不足，只是心理上的借口，是心理弱小的另一种体现。

当然，这种心理弱小如果有外力的促进，是非常容易克服的。

这些拖拉的现象，在无法拖延的情况下，例如条件不允许或到了规定时间，也基本上能够完成任务。

第三章 消除导致内心不够强大的因素

从人的心理层面来说,喜欢拖拉是人的心理各种情绪中最切合人心的。但是,正因为它们合乎人心,没有明显的危害,也不违反具体的规定,所以无形中因此耽误的事情,引起的烦恼,实在比明显的恐惧感、烦躁感造成的危害要严重得多。

生活和工作中,拖拉是一种不良的心理习惯,在拖延的过程中,容易引起内心的焦虑和内疚,这是一种自我心理折磨。

美国科学家经过研究,发现当出现拖延的现象时,人的大脑中波的传播频率与面临恐惧时的频率完全相同。经过分析,心理学认为,人们拖拉的真正原因其实是一种恐惧。

恐惧并不是特例。科学家研究发现,人的常见情绪中,兴奋、反感、恐惧、愤怒是最为常见的。

其实,某种程度的恐惧感反而会有一定好处,人类天生就有能力应付在客观环境中这种不寻常的挑战。因此,当你感觉到自己心跳加速、呼吸急促时,切莫紧张。人类的本性对外来的刺激保持着警觉,这时,它已经做好准备来应对这种意外情况了。如果这种生理上的预警信号是在某种合理的限度内进行的,那你会因此而思考得更快,进行得更流畅、迅速,一般来说,会比在普通状况下完成得更好。

但是,这种现象仅仅局限在一定的范围内,当恐惧感逐渐增大时,会起到反作用,思绪中断、出现错乱现象。

当然,很多拖拉者都会这么错误地认为,自己在重压下会表现得更为出色。其实这是自欺欺人。心理学家研究表明,在重压之下,人们的表现只会更差。

香港武侠小说作者金庸先生在创作《侠客行》时，遭到出版社的催稿，出版社隔三差五地通知金庸，让他加快进程。这是金庸先生唯一一部在压力之下创作的武侠小说。尽管小说的场面宏大、气势恢宏，但却并没有完全展现出"侠客行"的胸怀和气势。这部作品让金庸很不满意，就是因为这部作品是在压力之下完成的。

潜意识中拖拉任务的心理，就是因为恐惧感，恐惧感大多是因为不敢面对或不确定感而产生的。心理学家梅奥在自己的论文中这样说道：

对大多数人而言，任务是一个未知数，其结果不免令人充满焦虑和恐惧。对于任何一个人来说，一个新的任务都是一连串复杂而陌生的挑战，它要比驾驶汽车更为繁杂。要使这种可怕的挑战变得较单纯而轻松，只有勇敢地面对。你会发现，像很多人一样，当你勇敢地面对恐惧时，完成任务就不再是一种痛苦，而是一种快乐了。

你应该预料到，由于你需要面对一个新的任务，一定程度的恐惧是必然的。但是，你应该凭借一定程度的恐惧感来促使你完成得更好。

要避免拖拉习惯，就需要消除恐惧感，立即行动起来，尽早完成任务。

第四章

确认自我的存在及存在的价值

角色定位,脱掉衣服大家都是动物

摆脱角色定位,是心理强大的第一步。

要培养强大的心理,你需要对所有的角色进行重新的定位。

角色定位,《百科大辞典》中的解释是这样的:在一定的系统环境、时间下,拥有相对的不可代替性的定位。

似乎很难理解,但透过字面的意思,你会发现,这句话完全可以用一句再简单不过的话来解释:不穿衣服,人应该和猴子站在一起。

的确如此,失去了衣服的人类,和动物无异。同样,人类披上了一件外衣,就被原本并不存在的阶级拉开了距离,这种阶级的存在让人失去了原本最赤裸裸的意念。很多人心理不够强大,正是因为人们被身上披的那件渲染了阶级的外衣吓住了,仅此而已。

其实,那件外衣根本没被附加任何情感。

先来说一个事例:

不久前,我随公司参加"防范艾滋病意识,普及预防艾滋病知识"

的活动,深入到河南一些艾滋病严重地区去宣传预防艾滋病知识。

一周的活动结束后,我从河南赶回来,购买了河南的一些特产,作为礼物送给家人和身边的朋友。然而,事情完全不像我想的那样美好。

回家的时候,妻子正在上班,给我的手机发短信:彻底地把自己洗一下。

说明一下,我的妻子并不歧视艾滋病人,她曾经积极地为艾滋病人捐钱捐物。

我将从河南购买的一条漂亮的裙子送给妻子,但从未见她穿过。

我将从河南购买的礼物分发给周围的朋友,他们都很高兴。

我以为事情到此为止,没有想到,一个朋友给我打电话:听说你前不久出差去河南参加一个宣传预防艾滋病的活动了,是吗?

听到这里,我有点心虚,心里盘算着他会不会因为礼物迁怒于我。

他确定了消息之后,没有说什么,挂断了电话。

两个月之后,在一次闲谈中得知,他将我从河南购买的礼物扔掉了。

在心理学中有一种叫"蔓延之律"的现象,属于一种心理连接、扩展现象。一旦某个物件、人与在心理上已经定性的一个物、一个人接触后,就会获得那个物或者人的某些"本质",这就属于心理的连接、扩散现象。

简单来说,一旦某个物件、人与某个人接触后,就会获得那个人的某些"本质",而这些特质仅仅是心理的定位,事实上并不如此。

比如,在中国的一些巫术中,如果想要诅咒某个人,就需要获得这个人的生辰八字或者这个人穿过的鞋、衣服之类,由此对他们施加某种类型的影响。

上述事例中,我从河南宣传预防艾滋病知识归来,在他们的心中,我就获得艾滋病的某些"本质",尽管我本身没有,但在他们对我的角色定位中,我已经具备艾滋病的某些本质。因此,在他们心中,对我及礼物有一种莫名的恐惧感。

再比如,如果你身上穿着一件非常漂亮的衣服,全新的,从来都没有人拥有过或者穿过,你的心理对这件衣服不会有任何芥蒂。

然而,如果这件衣服曾被艾滋病患者穿过,不管如何新,质量如何好,可能你在潜意识里都会产生排斥的情绪,不想穿这件衣服了。尽管已经完全确定这件衣服并不存在健康隐患,也没有卫生问题,但潜意识里,排斥情绪依旧在人的思维中占据了主动,衣服同样会被扔掉。

显而易见,我们的内心不够强大,因为我们受到了角色定位的影响。为了使内心强大,我们需要剥去他们身上这层"皮"。

莎士比亚,神一般的人物,人类最伟大的戏剧天才,人们穷尽所有的词汇去赞颂他,对我们来说,他似乎遥不可及、高不可攀。甚至有人感叹:莎士比亚死后,人们失去了灵魂。

莎士比亚真的那么高不可攀吗?

听听他的仆人如何评论他:一个自私、傲慢,总是对仆人们喋喋不休的讨厌的家伙。

莎士比高不可攀的形象，瞬间被拉到了普通人的阵营中。

几年前，我在一家公司工作，公司是典型的家庭式作坊，一个老板，其余的全部是员工。

进入公司两个月，从来没有见老板对任何人微笑过，永远板着一张脸，甚至连一句温柔的话都没有，说出来的话永远是不容置疑的。当时，我的心思很简单：端谁的碗，听谁的管。

这天，我正在厕所里方便。突然听到一阵急促的脚步声传来，我知道这是一个被"三急"折磨的同事，透过缝隙，我看到进来的是公司的老板。

此时的他，似乎变成了另外一个人，失去了平时的威严，一张急促、疲惫的脸。紧接着，传来了尿水急剧冲击的声音。水声停止之后，传来了一阵长长的呻吟声，这声音要多贱有多贱，远远超过床笫之欢的声音。

似乎是一股电流，瞬间传遍我的全身。我顿时醒悟：老板也是一个食人间烟火的，也属于人类。

现实中，很多老板喜欢下属称呼他为经理，不喜欢被直呼其名。因为直呼其名意味着一种平等，只有同事之间才会如此称呼。如果直呼其名，还怎么能让下属敬畏？

因此，很多人喜欢别人与他们拉开距离，以他在公司中的不可替代的角色和我们打交道，提醒下属，我们之间存在着距离，存在着差距，在他面前我们要老实一点。

偏偏有很多人，喜欢与比自己强大的人拉开差距，让自己在公司里以与别人有差距这个角色与别人打交道，提醒别人，我们之间存在着差距，我不会越雷池一步。

从心理层面来分析，那些高高在上、总是摆着一副架子的人，实际上是不敢把真实的一面展现给别人看的人。他所表现出来的，根本不是真实的自我，而是穿起了厚厚的一层衣服的假自我。同样，那些总是在内心暗示与别人存在差距的人，是永远无法做到与别人平等交流的，因为你还未与别人沟通，心理上就已经弱了三分。

表现出不是真实的自己与在内心暗示和别人存在差距的人，都是心理不够强大的人，这些都是角色定位所限制的。

要破除角色定位的限制，首先需要对角色定位有正确的认识。认识角色定位的理论很多，但起不到根本的作用，还是从行动上开始吧。

美国历史上第16位总统林肯，被称为美国历史上最伟大的解放者。他强大的心理一直是很多人学习的榜样。

林肯由于家庭贫困，从小营养不良，身体消瘦，而且脸很长，形象上比较难看，这成为很多人嘲笑他的把柄。

一天，林肯在树林里散步的时候，遇到了一位老妇人。老妇人毫不客气地说："你是我见过的最丑的一个人，只比猴子一样的林肯稍微好看一些。"

普通人可能会面露尴尬，但心理强大的林肯则是这样做的。

林肯幽默地说："我是身不由己，不过至少我比总统要好看一些。"

谢谢你对我的奖励。"

"不，至少你可以待在家里不出门啊！"老妇人说。

"这可不行！我还得为美国公民上街维持秩序呢。"林肯幽默地说道。

林肯友善的回答彰显了自己的胸怀和智慧。这是林肯竞选总统时，能深得人心的一个缩影。

分析一下林肯的行为。

根据中国人对角色的定位心理，一个高高在上的总统，肯定是一个气场逼人、端庄、严肃的大人物。说到这里，你的心中可能已经出现一个你敬重的伟人的形象。这时，你已经被角色定位的病毒感染得很严重了，对于想要变得心理强大的你来说，要改正的不是清除病毒，而是重新组装系统。

林肯身为高高在上的总统，只是一个普通人，他没有架子，真实地还原了自己，塑造了一个有血有肉的总统。相对于高高在上、不可一世的总统来说，有血有肉的总统，更受人们拥戴。

如果你有足够的理由在人前摆起架子，无非有两种目的：

1. 面子上的优越感，要让自己在面子上比别人牛；

2. 面子上的卑劣感，要让自己有面子，显得和别人一样牛。

这是人劣根性最直观的体现。其实，要撑起面子，你需要做的恰恰相反，就是把自己苦心经营的面子还原回去，展现最真实的自己。强行撑起的面子是虚空的，很累的。

大学时期的一位导师，尽管只有40多岁，但头发大多脱落了，头顶上一片"不毛之地"。

他的这个特点成为我们嘲笑的对象,我们经常在背后称呼他"沙漠之师"。

对此,他并没有掩饰。

有一次,他干脆在课堂上向我们讲明了因病而秃顶的原因。最后,他还加上了这样一句话:"头发掉光了也有好处,至少以后我上课时教室里的光线可以明亮多了。"我们发出一片友好的笑声,此后再也没有人叫他"沙漠之师"。

同样,大学时期有一个老师,个子很矮,也成为我们嘲笑的对象。

冬天的时候,有同学故意在走廊上泼了一盆水,想看老师的笑话。等到上课铃响的时候,水已经结成了薄薄的一层冰。老师小心翼翼地踩过去,走进教室之后,却笑着说:"哈哈!我个子矮,重心低,是很难滑到的。"

很多时候,我们的心理不够强大,是因为我们受限于角色定位,坐在主席台上的领导是人,坐在台下的观众也是人,两者都是人,仅此而已。

要建立强大内心就要打破世俗

当今时代,提起"世俗"二字,就算目不识丁的乡村老太太也能够立刻心领神会。

简单来说,当你想问题、办事情以及处理生活中大大小小的事情,都是按照与别人一样的思路、方法考虑并进行时,那么你就世俗了。

比如,当别人骂你的时候,你会毫不犹豫地选择相同的方式报复对方。这样的人生活在世俗中,无法找到真实的自我。

要变得心理强大,就必须打破这个世俗,让心理世界从世俗的桎梏中解放出来。

世俗随着社会各种现象的不断发展、变化积累,对人们的价值观、意识具有主导意义。在如今精神文明与物质文明极度不协调的大背景下,世俗俨然成为一种不善良的习气,比如说虚伪、虚荣、贪财、势利、见利忘义等,很多人认为目前存在这种不好的风气,已经成为一种普世观念,这是一种变态的社会。

当这种价值观成为一种普世观念,也就是世俗时,人很难不屈服于这种世俗。而偏偏存在这样一种人,他们不为世俗所动,在日常生活经历中,锻炼了自己的心智,培养了一颗强大的心脏。

刘备原是一个当街吆喝的收破烂的人,趁着世道混乱,开始创业。

创业之初,公司只有两个铁杆员工,而且是凭感情挽留的,即关羽与张飞。关羽是一名保安,张飞则是卖猪肉的。三个人的创业团队中,张飞和关羽的头衔一个是马弓手一个是步弓手。

三人组团会盟十八镇诸侯。

入盟时,诸侯们的挖苦声不绝于耳,在面对华雄的挑衅,十八镇诸侯无人应战时,关羽请命。这时,袁术说:"如此可谓埋没英雄,十八镇诸侯难道无人可派了吗?找一个马弓手前去应战?"

面对辛辣的批评,刘备选择了沉默。

因为他明白,弱者只有蓄势,才能变成强者。如果当时受制于世俗,据理力争,对改变自身的处境而言,能起的作用也是微弱的。因为弱者的声音越大,招致的反感就会越多,因此他选择了沉默。在沉默里,积蓄能量,关羽的"杯酒斩华雄"一役,威震十八诸侯。

一颗强大的心脏,不会受制于世俗,只会在世俗中更加强大。

《中庸》说:喜怒哀乐之未发,谓之中;发而皆中节,谓之和。

人在没有喜、怒、哀、乐等这些情感的时候,心中没有受到其他的侵扰,是坦然的,这样的状态就是所谓的"中"。"和"的境界是指在处理各类事务的时候,不可避免地要在心理上产生反映,发生各种各样的情绪变化,并且在表情、行动、语言等方面表现出来。如果表现出来的情绪恰到好处,既不过分,也无不足,而且还符合当事人的身份、不违背情理、适时适度。

然而,有很多人,在世俗面前,心理状态会发生变化。在这个过程中,如果乱了方寸,就无法体会到心理强大带来的坦然和淡定。

兵法中说,"为将之道,当先治心。泰山崩于前而色不变,麋鹿兴于左而目不瞬,然后可以制利害,可以待敌。"

意思是指,作为一名将领,首先要控制好自己的"心",即使泰山在面前轰然崩塌,或者麋鹿突然从旁边跃出,依然要保持从容镇定,这样才能谈得上控制战场局面,取得最后的胜利。

然而,世俗中人要获得这种强大的心理是不现实的,因为这需要极为艰苦的训练,彻底改变一个人的心理结构、思维结构,消除"自我"。

因此,要建立强大的心理,需要打破这种世俗。

别让情绪左右自己的行为

拥有一颗强大的心脏,需要摆脱世俗,不被世俗观念所左右。

以美女的标准为例。之所以举美女为例,因为很多人只要看到美女,眼睛就会立刻变成数码的。

在唐朝,因为杨玉环的出现,胖成了美的标准。然而,当时的美女如果能够时光穿梭,来到现在这个社会,即使她拿出所有的资本也不会赢得别人的赞美,因为如今大家公认"瘦"才是富有吸引力的"真美"。要不怎么会有那么多的女生疯狂减肥呢?

什么是美?怎样才美?

这种概念只是人们在脑中的一种观念。就如古今人们对"美女"

这个名词的观念一样，没有固定的模式。只不过，有偶然一两种被大部分人认可罢了。这种被大众认可的就成为世俗的观念。

正如一切都不绝对一样，一个观念不一定就是对或就是错的。

在鲁迅《祝福》一文中，主人公祥林嫂就是一个世俗观念下的受害者，因为当时把现在很正常的"再婚"视为不符合礼教，以至于她被排挤至死。很多人同情祥林嫂，因为她并没有错，错的是当时的那种观念。

这就是世俗的力量。

具备强大的心理，就不会被世俗观念所左右。

现实中，我们身边有许多人受到世俗的影响，从事着不爱干的事业。公务员可能是如今最受欢迎的职业了，然而，这个职业并非适合所有的人。

比如，公务员是一份非常稳定的工作，有些人适合这种工作，有些人则不适合这种工作，然而，公务员成了当前很多年轻人的选择。选择这份职业并非是出于心理上的喜欢，而是为了迎合大众的胃口。

这就是被世俗观念所左右的最直观的体现。要摆脱世俗的影响，首先就需要具备独立的人格。

人的存在不仅仅是生命的存在，更是一种精神的存在，一种独立的精神存在。

像考公务员的事例一样，生活中我们经常可以看到许多人被世俗所左右，这些人无法拥有真正的自我，他们的精神为别人的精神所奴役，甚至比古代的奴隶还要悲惨。奴隶仅仅是身体被奴役，而这种人则是思维被奴役。不具备独立的思维，只能被动地接受别人的价值观念。

更为可悲的是，尽管生活在奴役之中，思维却浑然不知，甚至深深地依恋着，并为这种被奴役而快活。

经常能够听到有些人，这些人多为女性，因为感情问题而自杀，这就是独立人格缺乏的表现。

我有一个朋友，失恋之后痛不欲生，选择了自杀。大好的青年，就这样离去了，白发人送黑发人，真是可怜可恨。

有句话说，这种失恋后选择轻生的人，是人格有缺陷的人。他们并非沉迷于失恋，而是沉迷于人格的缺陷中。这就好比两个抱团行走的人，一旦一个人摔倒了，另外一个也会跟着摔倒，因为他缺少独立的人格。

对缺乏独立人格的人来说，所谓的失恋，其实就是青黄不接。如果前脚被一个人踹了，后脚却被一个更优秀的人接手了，那么根本就没有时间去顾及失恋。

一个人作为独立的生命个体，首先应该具有完全独立的精神意识，思维上独立，行为上独立，同时还需要具备选择独立生活方式的权利。

然而，由于人的社会性，属于群居动物，自从来到这个世界上，无时无刻不受到来自各方面的有形和无形的束缚，这些束缚来自于成长环境、社会文化、家庭生活、社会准则等。

要具备人格独立，就需要无时无刻不和这些无法避免的束缚展开斗争，并且在不断的斗争中强大自我，追求独立的精神价值。

英国的剧作家、诗人莎士比亚在成长的过程中，经常受到来自家庭和社会的无形的影响，这成为影响他独立人格的重要因素。但在不断的成长中，他吸收到的经验和知识成为他创作的源泉，让他在不断的创作过程中，完善自己，完善作品。

莎翁在成长的过程中，为了具备独立的人格精神，没有刻意去遵守社会为他制定的一系列行为准则，而是选择以自由意志来指导自己的思想和作品，没有按照社会、他人所期待的模式去生活。

莎翁给我们提供了最好的榜样，不要按照社会、他人所期待的模式去生活，而应建立在自由意志的思想指导下，走属于自己的道路。

一个人只有具有独立人格，才能具备自己的思想体系，才能在思想体系的指导下，重审一切世俗价值标准。

具备独立思考能力是具备独立人格的先决条件，思维是人生存的必备条件，没有思想就不可以作为人，思维随人的生命存在而存在，无论人处于何种状态之下，哪怕是在深沉的睡眠中，大脑思维都在不停地运动着。

生活中，感性的思维能让人摆脱尘世的苦难和无奈，理智的思考能让人摆脱一切的世俗偏见，洞察到事物本来的面目。理性和感性的思维，让人摆脱僵化的条条框框，从而让人摆脱精神上的奴役，达到独立自主的精神境界。也只有达到独立的精神境界，才能完善独立的人格。

第四章 确认自我的存在及存在的价值

其次,要摆脱世俗的影响,要敢于突破思维的牢笼。

很多时候,我们明明知道只要付出努力就会有收获,付出得越多,收获就越多,可是还是有人不愿意去做,或者不知道如何去做。我们常常犯的一个错误,就是把自己的心情好坏交给周围的人控制。结果是这没有做好,那也没有做好,整天埋怨一大堆。可是抱怨是解决不了问题的,你还是不敢突破思维的牢笼。

举一个事例。

你选择去做一件事情之前,必须知道为什么选择,是受限于世俗,还是发自内心?

这时你就已经在突破思维的牢笼,已经在挖掘自己了。此时的你,就是一座宝藏,敢于开发,敢于让自己的潜能充分地得到挖掘,突破传统观念的束缚。

一个敢于突破思维的牢笼的人是很厉害的,他什么时候能够做出什么事情,心里非常清楚。一个人要突破思维牢笼确实要付出很大的心血,不是往前猛冲一阵就行了,开始的时候就像爬坡一样,需要不断地用力,不断地调节体力和方向。

一个人要成功,第一个因素是自控。有了自己控制自己的能力后,才能做出正确的决定,才不会让自己的情绪左右自己的行为。

念旧世俗的人永远达不到制高点

在当前这个社会,有很多高智商的人,在世俗的生活中变得毫无棱角,这一点也不足为奇,因为他的智商被世俗观念占到了制高点。

这种世俗观念有两种:

一种是由于严重的念旧情绪,破坏了控制人的全部身心活动的"神经中枢",从而变成了真正的世俗。比如,一个四肢健全的人,身上各个器官的功能都超越常人,但却是个弱智。他无法从事正常的工作,因为他的机构,从根本上已经损坏了。

另一种和神经中枢没有关系,并不是真正的念旧世俗。比如,一个健康人,大脑也是正常的,但因为说话太多,造成了嗓子沙哑,应付不了这样的忙碌;嗓子方面本来就不是很健康,再加上过于忙碌,就会影响到全身,各个部分都出毛病,不能讲话,于是不得不暂时休息,以便进行康复。

因此,一个人身体健康,却因为忙碌导致身体器官出现问题,无法完成他的工作,与一个人的"神经中枢"被一种严重的疾病破坏了,两种情况的原因与治疗之道,是大不相同的。

如果你觉得你的"嗓子"出了问题,导致你无法完成工作,最重要的是请医生帮你治疗。如果是你的中枢神经出现了问题,你应当给自己开一张彻底的清单,自我检查为什么会是神经中枢出现问题,找出问题,解决问题,才能彻底加以治疗和补救。

像这样的症状，实在是救命的先兆，它告诉你，你需要暂时停止工作，因为还有更大的危险等在后面。

一个"中枢神经"被世俗破坏的人，已经失去了内心强大的支撑。

著名管理学家德鲁克在研究管理学的过程中，发现了这么一个有趣的现象：

思维被定式的人，长时间处于这种情况之下，内心会产生烦躁的情绪，造成身心疲惫、神情沮丧。比如，当今办公时间使用电脑的人越来越多，在办公的过程中，采用指令的形式，即对电脑下达程序内的指令，电脑会对指令言听计从，将事情处理得井然有序。

然而，习惯于发出指令并让电脑去完成的人，往往对现实中的反对意见很难接受，当听到反对意见时，第一观念就是执意坚持对方的观点是错误的。如果对方的职位高于自己，观念中就会产生对方无可撼动，是自己错了，然后全盘放弃，陷于一种非此即彼的思维定式之中。以至于被念旧、世俗的眼光束缚了自己，导致经常碰壁，最终对自己、他人失去信心。

这里的固定思维，是指人们因为局限于既有的信息或认识的现象，被固定思维束缚了自己。当然，这种情况是十分可怕的。

现在通过两个事例进行解释：

一个小货车司机根据公司的紧急安排，将一批货在一个小时内送往二十英里外的地方。在距离目的地还有两英里的时候，小货车的一只轮胎爆了。于是他将那个爆掉的轮胎拿下来，正准备换上备用胎时，一个不小心，将固定轮胎的四个螺帽掉到了水沟里。捡回来已经不可能了,眼看着时间就要到了,司机不知道如何是好。

此时,正好有一个人经过,就问司机怎么了,司机就把事情经过告诉了过路人。

过路人说:"这么简单的问题也解决不了,难怪你只能当货车司机。你只要把那三个轮胎各拆一个螺帽下来,安到第四个车胎上,先将车开到目的地,然后再将车开到最近的修车厂,补上剩下的螺帽就可以了。"

货车司机急忙按照这个人说的做了。为了表示感谢,他问这个人的姓名。这个人说:"我住在精神病院第七床。"

司机不禁开口问道:"你这么聪明,为什么会住在精神病院?"

这个人回答说:"我住在精神病院,是因为我有精神病,不是因为笨!"

不仅仅是这个小司机,在很多人的观念中,精神病人就是傻子,这是一种世俗思维,事实却并非如此。

当前社会,阻碍人们心理强大的最大障碍,并不是未知的东西,而是已知的东西。固定思维占据人的思维模式,使人们无法看清事情的真实面目,无法理智地通过智慧的大脑去思考问题。

事实上,当一个问题从正面难以解决时,不妨换一种思维模式,从反面去探索,用新的模式去探索,寻找解决问题的智慧。

一位叫哈太的犹太富商走进一家银行,向客户经理提出想借一笔款子。

客户经理知道业务登门了,态度非常友好。

"我想借一笔款。"哈太说道。

"完全可以,您想借多少钱?"客户经理非常有礼貌地说道。

"一美元。"

"只借一美元?"

"是的,我只需要一美元。可以吗?"

"当然,只要有担保,借多少,我们都可以照办。只是只借一美元,是不是有点……"

"借一美元的目的在于创造价值,而不是它本身的价值。"哈太这样说道。

银行客户经理满足了他的要求,提出需要担保。

哈太从随身携带的皮包里取出一大叠股票、国债等放在桌上:"这些作担保可以吗?"

客户经理清点了一下,"先生,总共一百六十多万美元,作担保足够了。"

"好的。"犹太人说。

"到那边办手续吧,年息为百分之六,只要您付出百分之六的利息,一年后归还,我们就把这些钱还给您。"客户经理说。

办完了这一切,客户经理在送客户出门的时候,说出了心中的困惑。

"先生,我能问你一个问题吗?你拥有百万美元的资产,怎么会跑到我们银行来借一美元呢?"

"其实,我刚刚已经告诉你了。借一美元的目的在于创造价值,而不是它本身的价值。我今天来是想办一件事,可是随身携带的这些有价证券很不方便也很不安全。我问过几家金库,要租他们的保险箱很昂贵,我知道银行是最安全的地方,因此,就将这些东西以担保的形式寄存在贵行了。有贵行替我保管,我就可以放心了。这一美元所创造的价值超过它利息的上千倍,我为什么不这样做呢?"

犹太人是世界上最聪明的人,这是有其原因的。他们的思维方式令世界所有的人叹服。

犹太人的思维方式,让他们的心理趋于成熟,成熟的心智下发挥出来的能量是惊人的。

霍金全身只有一个大脑活着,却坐上了英国最牛的教授席位,就是因为他有一颗强大的心脏。

社会中,一旦形成了思维定势,就会习惯性地顺着定势思维去思考遇到的问题,不愿也不会想到换个角度想问题。这种直来直去的思维方式,导致很多人难以有突破,也难以有显著的进步。

要使心理强大,就应该学会打破念旧、世俗的思维,别被守旧的思维束缚了你。

比如,看到"感性"这个词,很多人第一时间想到的是"理性",而很少有人想到"性感"这个词语。就是因为我们头脑在长期的学习和生活中,已经形成了一些固定的结论以及思考方法。需要知道,这种固定的结论以及思考方法,并不一定是完全正确的,有时甚至你学习的知识就是错误的。将错误的知识形成错误的结论,你还能正确吗？

正确的做法是要敢于突破常规思维的限制，思想上常变常新，不能死钻牛角尖。对于一些较为复杂的事情，要学会采用"冷处理"的方法。不要急于采取行动，先做好准备工作，再着手进行解决，这样才能达到事半功倍的效果。

找准自己的定位

一定要给自己寻找一个准确的定位、一个方向感，这是我们存在的一条重要的规律。对自己定位的需求，是我们的先验渴望。

这种无意识地支配我们心理的强大力量来自哪里？它来自我们存在的独特性。

生活在群体社会中，人类总是自豪地说自己是"高级动物"，根本不屑于与猪狗之类的动物相提并论。这与素质、品德无关，完全是人类对自己的定位，这种定位是有存在的理由的。

根据人类的存在的定位来说，动物被它们的生理机能限制死了，它们没有意识，受着本能支配。它们进入这个世界，其结果是固定的，由生到死，没有超越性。但人就不一样了，他有意识，有思想，本能并没有完全主宰人类。

当然，这些好处不能让人全享有，人类也要付出代价。

以一个事例来论述这种代价！

美国第一任总统华盛顿，领导了美国的独立战争。这是一场十分艰苦的斗争，因为英国军队的实力远远超过独立军。面对英国军队的疯狂剿杀，华盛顿领导的独立军陷入绝望的境地。节节败退，士气低落，独立军的前途一片黑暗。

面对低落的士气，华盛顿这样说道：

你们也许知道，人是地球上最懦弱，生活能力最差，身体结构最不合理的动物——没有鲨鱼一般锐利的牙齿，没有猎豹一样的速度，没有鸟一样的羽毛，不能在天上飞，不能在水底游，容易被疾病侵袭，温度和气压稍微有变动，它就会生病。如果吃错了东西，随时都有可能丧命……根据这种情况，人早就应该在地球上灭亡，甚至都不会出现。

然而，奇怪的是，人是主宰这个世界的动物。

没有鲨鱼一般锐利的牙齿，但是人发明了切割机，能够切割任何坚硬的物体；人类没有猎豹一样的速度，却发明了捕获猎物的网，用于降服速度快的动物；没有鸟一样的羽毛，但人类却发明了衣服，照样能够取暖；不能在天上飞，但人可以建筑很高的房子，超过鸟的飞行高度；不能在水里游，但人却可以下到深海捕捉鱼类；容易被疾病侵袭，容易生病，人类就发明了各种药物抵御疾病……

上天赋予人类最奇特的头脑，可以弥补人类的种种缺点。地球上更没有别的东西，可以像人这样，能适应不同的环境。

第四章 确认自我的存在及存在的价值

本来人是地球上最弱的动物,现在却变成了世界上最强大的动物。所有的这一切,都因为面临的逆境。

如今,我们这支独立军最大的不幸,不是我们无法对付来到门前的那只狼,而是我们心中不相信能够在狼身上撕下一块皮来穿。

华盛顿的这段演讲让身陷逆境的独立军在恶劣的环境中奋起抵抗,为美国的独立战争的胜利保留了火种。

从这个事例我们可以看出,人类不完全受本能支配,这是人区别于动物的标志,从单纯的动物本能来说,这是人类的缺陷。但人类却因为这种缺陷而在智慧上超过了动物。当然,人类的这种缺陷也受一定的规律支配。同时,也还要受社会生活中的一些规律支配。

抽象地说,动物因为它的生理构造及反应方式,所以和这个世界的存在结构是非常协调的,它本身就是自然的一部分,因此,它与世界处于自在的统一之中,没有主体与客体的区别。这种没有分裂的统一当然不可能让动物感受到痛苦,因为动物没有引发痛苦的意识机能,除非你打它,引发它的神经反应。

但作为高级动物的人则不一样了,人类因为能够通过意识反思世界,由此在存在定位上超越了动物,摆脱了像动物那样的被规定性,而可以通过思想及活动来规定自己。动物被定死了,但人却是可以自由的。也因为这样,人的意识在各种复杂的感情中不断升级,不断优化,最终从动物世界中分离出来,拥有着丰富的表情,复杂的感情。

同样,在人类这个庞大的集体中,每一个个体都有自己复杂的感情。展现各种复杂的表情,需要一颗强大的心脏。而要有一颗强大的心脏,首先就需要在庞大的人类群体中,找准自己的定位。

每一个人的脖子前后都挂着一个袋子,前面装的是别人的过错和丑事,而且经常摆在自己的眼前,看得清清楚楚;背后装的是自己的过错和丑事,既看不见,也不容易感觉到。

一个心理强大的人,会对自己的能力评估有一个客观的定位,在任何时候、任何情况下都不会高估或低估。

在春风得意时,根据自己的定位,不会把自己估计过高。而现实中,偏偏有很多人,把握不准自己的定位,一时得意,认为凭自己的能耐,好像人生一切所求的东西都能唾手可得,这样的人往往把运气和机遇也看成自己的能力和水平。这样的得意者其实是一种心理弱小者,这种人与那些平庸的人没有多大差别,其最大特点就是觉得自己比别人高明。

在失意时,心理强大的人会因为能把握住自己的定位,不会把自己估计过低,能够正视困难和各种不利的条件,不会动摇生活的信心和勇气。心理弱小的人,则会情绪低落,一蹶不振。

过高或过低地估计自己,都会毁损自己,毁损自己的现在和未来。

内心强大,要找准自己的定位,要善待自己,不要自己与自己过不去。你可能貌不惊人,没有俊男靓女的自然条件,但英俊和美貌并不是成功的代名词,更何况红颜薄命者还确实不少呢。你可能智商平平,没有出口成章、过目不忘的才华与天赋,但天才如果没有后天的勤奋,天才的火花就很容易熄灭。你可能命运坎坷,没有宽裕的经济和成功的事业，但自古雄才多磨难，与苦难抗争而造就辉煌人生的人世上难道还少吗？

找准自己的定位，就是客观地分析自己的长处和短处，不拿自己的短处与别人的长处比，做到扬长避短，把自己的心境调节到最好，把自己的行动发挥到最佳，做到愉快地生活，乐观地奋斗。

找准自己的定位，还需要学会不畏人言，行为既要踏踏实实，但又不能太过于踏实，会做的同时还要会说，能做的同时还需要能说，做自己该做的事，不做自己不该做的事。

什么是聪明？什么是愚蠢？有人是这样定义的：做该做的事就是聪明，做不该做的事就是愚蠢。人云亦云，被别人的言论所左右，这是没有主见的表现，也是内心强大的大忌。

第五章

不要被群体的认同感所左右

社会群体并不需要存在一个领袖

社会群体的秘密到底在哪儿呢?

前面我们说过,一个人的心理,主要由"动物性"、"社会性"、"个人性"三种心理组合而成,动物性充斥着野蛮,社会性则是建立在"双赢"的基础上的一种心理,是一种维持秩序的需要,个人性是一种特殊的感情,属于心灵的产物。

社会性的存在是人类社会历史发展的需要,人类为了生存,他们需要摈弃一部分属于动物的劣根性,建立在一种"双赢"的感情基础上,组成社会,以驯化"动物的感情",这样人类才能有秩序地生活,持续不断地存在。

然而,在社会不断发展的过程中,建立"双赢"的基础已经失去了原先的本质,这种"双赢"渐渐变成了"单赢"。

以最简单的社会资源的分配来界定,社会资源在不断的发展中,逐渐出现一部分人占有的多,一部分人占有的少,占有多的人就高档,占有少的人就低档。占有多的人就打破了原来"双赢"的基础。

而决定着这一资源分布状态的，牵扯到复杂的政治制度、经济制度、政策安排、个人努力、社会机制等，这不是这里应该讲的。

拥有不同的社会资源，占有的多的人会证明自我的存在和存在的价值，一定要与他人进行自我比较。社会群体性就是占有式运作的。这种占有的存在方式是"占有式"的，会进行多寡的比较、区分，使社会成为一个高低有别的价值序列。

在这种形势下，占有资源多的人，自然而然在地位上会优越于占有资源少的人，这样，领袖的地位就凸现出来。

这种领袖地位是如何让众人屈服的？

简单地说，原因就是我们确认自己存在的方式。

大多数人的存在方式是"占有式"的，就是依靠自己所拥有的东西确定自己的地位。比如，一个千万富翁给人的印象往往停留在财大气粗上，正是因为他依靠自己拥有的东西确定了自己的行为方式，而一个身无分文的人，则缺乏这种行为方式，甚至连基本的大声说话的口气都没有。

根据我们所讲的占有性与行为方式之间的关系，我们可以发现：

1. 我们的"占有式"的本身就决定了我们内心世界的强弱，而这些恰恰就是我们的"自我"的一部分。我们就是通过"占有式"的这一基本特征来确认我们的内心世界的，并且也通过他人存在的属性进行进一步的确认。以当前的学历作为例子，一个中专生和一个博士生，仅仅因为他们作为中专生和博士生的存在属性的区别，中专生和博士生所占有资源的不同以及在这基础上的歧视性对比，博士生似乎在社会地位上就高一个档次。你似乎无法反抗这种"占有式"的标准,因为这不仅是社会固有的观念,也是你的体验——你的确就是这样体验自我和他人的。

2. 你是以你所"占有"的资源的多少为标准来"填充"你的心理大小的。也就是说,你依靠"占有式"的资源来确认你的自我和自我的价值,这本身就意味着你已经在心理上附和社会认同感。你穿一件高档的皮衣,第一作用不是用来取暖,而是为了彰显你的身份。你拥有一个"苹果",第一作用不是用来服务,而是用来彰显你的身价。换言之,你所拥有的东西已经超过它本身的用途,主要是为了在社会群体中占有地位。

以"占有式"的方法来填充一个人的内心,这种人的内心是无法真正强大的。

郭纵是战国时期赵国商业领域的一个佼佼者,以贩卖茶叶为业,后来成为著名的赵商,足迹遍布赵国,十几年间,积累了数不清的钱币,成为当时赫赫有名的财主。因为他是赵国商人,积累的钱币多为赵国的。

然后,在赵国危机四伏的时候,他变卖了所有的家产,将变卖家产得来的钱币放了好几辆马车,历尽千辛万苦,总算保住了自己的财产。令他想不到的是,秦朝统一六国以后,颁布统一货币令,一切以秦国的"半两钱"作为统一货币,其他的钱币一律废止。

郭纵辛苦半生积累的赵国钱币,成了一堆废铁。

以"占有式"的方式去填充内心,并不是真正的心理强大。

正是因为这种"占有式"的方式内化为你的心理结构，你屈服于它，所以，你意识不到心理强大对自我和他人的重要作用。在这种情形下，你注定有身份的焦虑，一旦你不占有什么东西，你的心理就注定弱小。

前面说到的中专生和博士生，博士生似乎要比中专生占有得多，但如果两个人任职于同一家公司，平起平坐，从事同样的职业，这又该如何说呢？再比如说，如果中专生入行早，做了博士生的上司，这又该以什么作为参照标准呢？

高档的皮衣和"苹果"彰显你的身份，如果某一天大街上到处都是穿高档皮衣和用"苹果"的人，注定又会有另外一种东西取代皮衣和"苹果"成为新的象征身份的物品，这又该如何论呢？

要有一颗强大的心理，要远离、清除这种"占有式"的价值，内心强大与外在物品无关。

如果你现在无房无车，见到有房有车的同龄人，你应该做到内心强大，与之交谈毫不胆怯。有车有房并不是成功，车、房只是拼搏之后所获得的报酬，而不应该作为成功的标准。武大郎还有二层洋楼，还是个商人，结果连自己的老婆都被别人拐走了，你能说他成功吗？

一位穷困、潦倒的年轻人，到处找工作。

这天，他走进当地一位有名的商人保罗的办公室，保罗以一种怀疑的眼光打量着这位陌生人。他的外表显然对他不利——衣衫褴褛，衣袖底部已经磨光，全身上下每一处都显出一副寒酸样。出于同情，保罗安排人事部随便给他找了一份差事。

然而,三个月之后,这个年轻人成为业务部的经理助理。

外表看上去十分潦倒,给人印象不佳的一个人,究竟是靠怎样的一种魅力在短时间内成为业务部的经理助理的呢?

答案可以用一句话来概括,那就是他有一颗强大的内心。原来,他是英国牛津大学的毕业生,到美国来的目的是为了完成一项商业任务。令人遗憾的是,这项计划失败了,他被困在美国,既没有钱,也没有朋友,可谓是有家归不得。这段经历锻炼了他的心智,让他有胆量面对任何一个强大的对手。

我们不得不承认,他强大的心脏成为他进入最高级商圈的通行证。

这个故事虽然带有一点神奇的色彩,但它也说明了一个广泛而基本的真理,那就是:我们的心理如何,影响着我们的每一次努力。

如果你在公司里只是一个不起眼的小角色,不需要自卑,首先要明白你和总裁一样,都是平凡的人,都在为公司默默地努力着。他作为领袖,充其量只是公司的一个角色而已。日本前首相菅直人说:日本三个月没有首相在位,民众都不会感觉到奇怪,但清洁工三天不在位,民众就会发疯。

社会群体之间,每个人都扮演着自己的角色,并不需要存在一个领袖。

求同心理让人们交出了自我

夏天的时候,女士的打扮成为大街上一道靓丽的风景线。

在公司里,曾经出现过一件事情,拿到这里说一下。

财务人员李娜和业务部的赵玉桓是公司里两个最漂亮,也是最喜欢打扮的同事,她们两个人的打扮,给王某在烦躁的工作之余增添了茶余饭后的话题。

很平凡的一天,李娜的一身O.SA夏装韩版修身短袖连衣裙给公司增添了靓丽的风景线,还引起了财务部经理的注意,"今天你穿的衣服很好看,你是一个漂亮的女孩。"

这恐怕是一向严肃的董事长赏赐给李娜的最高称赞了。

巧合的是,赵玉桓穿了一件Maxchic品牌的夏装,非常适合高端职场的一套连衣裙,这同样引起了业务部经理的赞赏。

一个是O.SA品牌,一个是Maxchic品牌,可想而知,多么惹眼。

中午公司用餐时间,李娜认真地观察了赵玉桓的装束打扮,赵玉桓也认真地观察了李娜的衣服。两个人相互夸赞自己的衣服多么合身,多么高贵。

第二天,让所有人吃惊的是,李娜穿着一身Maxchic品牌的连衣裙,赵玉桓却换上了O.SA品牌的短袖连衣裙。看到对方的时候,两个人先是吃了一惊,随即面红耳赤,不知所措。

两个人的穿着打扮依旧漂亮,成了我们的笑谈。

这样的例子生活中俯拾皆是。这是一种强烈的认同感,这种认同感显然不符合内心而是一种负担。长此以往,会对人的内心形成重压,使工作生活受到严重影响。

认同感属于心理潜意识层面的感情,包括自我认同和社会认同,这种认同感作为一种心理机制控制着我们。

认同感控制我们的秘密就在于每个人的潜意识层面有一个"自我",而这个"自我"的很多内容不一定是我们真实展现出来的,更多的是社会、集体赋予或强加给我们的。它本来不是我们内心想要或从我们的内心里产生出来的,但集体、社会通过种种机制,让它在我们的自我结构里内化,变成了我们的东西,以致我们都没有意识到无形中它对我们心灵的作用力,这类似于现在流行的复制。

社会、集体以及潜意识层面的"自我",让我们将焦点聚集到别人,更多的是集体的身上。比如,身边所有的人都戴着一顶帽子,在群体意识的作用下,即便你并不需要帽子,也会在潜意识中羡慕别人头上的帽子,也想自己拥有一顶。周围所有的人,手里都拿着一个苹果,你也会非常羡慕,忽略了自己手中正在散发着香味的香蕉……

为了附和集体,我们复制别人头上的帽子,手中的苹果。在复制别人头上的帽子、手中的苹果的过程中,我们并不会考虑自己是不是需要这顶帽子,苹果是不是适合自己的胃口。

其实,错不在"帽子"和"苹果",错在自我的认同感。

这种自我认同感一旦产生,它就会贪婪地吸纳社会上的很多东西,将之纳入它的结构。而这些东西,有的是人的生存真正需要的,而有的则是垃圾,是用来控制人的。

举个事例:

我有个同学面试之后,和我说他没有面试上这份工作是如何如何的失望,没有说中答案是如何如何的可惜。这让我很不解,在我的追问下,他说出了事情的经过。

他说他准备的问题面试官一个都没有问,面试官问的问题的答案他一个都没有猜对。

他说当面试官问一个问题的时候,他不是想着直截了当地说出自己的想法,而是揣测对方期望得到什么样的答案,当自作聪明地说出原本以为是面试官期待的答案时,却不想答案并没有说到对方心里。

我说:"认同感是你犯下的最大的错误。"

他说面试官和我说了同样的话。

我们总期望我们的劳动果实与别人是完全相同的,总期望从群体那里得到面包,却忘记了我们自己其实是有劳动能力的。

很多时候,我们总是在认同感的意识下,刻意追求集体、别人的认同感,认为别人的才是好的。

有句诗说:你在桥上看风景,看风景的人正在楼上看你,明月装饰了你的窗子,你装饰了别人的梦……

意思是,别人是你看到的风景,你也是别人眼中的风景,谁是谁的风景呢?

通过认同感得到的东西，已经失去了唯一性，失去了本身的价值。

这个世界上，决定东西价格的多少，不是东西本身的用处，而是东西的数量。钻石之所以昂贵，是因为它的数量少。相较于钻石，面包的作用要大得多，因为面包能够充饥。一个人可以没有钻石，但不能没有面包。为什么面包的价格要远远低于钻石呢？因为面包的数量多。

很多时候，这种认同感不会帮到你，你所认同的东西，恰恰可能是用来控制你、奴役你的心灵的。甚至，你根本已经失去了自我，你的那个自我压根是为集体、社会群体意识而存在的。换言之，是社会强加给你的，你已经把真正的那个自我，在追求社会认同感的过程中扼杀了。这种认同感就像他人派来驻扎在你的心灵的侵略者一样，你屈服于它，听它的摆布。它占领你的方式，就是认同。

在现实中，我们需要保持自我本色，不要盲目追求认同感。不能因为别人的看法改变自己的看法，有的人甚至是改变自己的行为。最明智与正确的做法，是保持真我本色。

对于那些通过认同感而做出的"复制品"来说，他们是很难赢得掌声的。保持自我本色，才能强大自己的内心。

如何驱除这种驻扎在心理的认同感，你可以借鉴一下我这个方式！

十几年前，天气没有任何征兆地突然转冷，很多人直打哆嗦。我跑回寝室，找到了一件很破旧的衣服，出于保暖的目的，我穿上了它。衣服并不合身，而且还有很多灰尘。

我穿上它走进教室去上课，尽管很多人嘲笑我，我毫不顾忌，

第五章 不要被群体的认同感所左右

始终将它穿在身上。

忽然之间我明白，集体的认同感让我们不敢把真实的一面露给别人看，让我们变得虚伪。一旦我们的虚伪被揭穿，为了撑起内心的虚空，我们会拼命地掩饰。这会让我们由虚伪变得胆怯，其结果是我们的内心越来越弱小。

给定一种场景，比如一个能让你自卑、怯场的场景，以一种不同寻常的方式出现。

我们的原则是，只用头脑和他们打交道，而不是以心理去面对面前的集体，斩断自身的光环对你心理的控制。在集体面前，你要保持理性，而不是一个心理动物。

第一步：头脑敏捷、活跃，尽力让自己的情绪稳定。这样做的目的，是在心里面解构掉你和集体之间的必然关系，遏制自己产生个体附和集体的心理意识，让集体的一切信息，首先要过你的大脑这一关，并把它们阻挡在你的认同感之外，而不是直接刺激你的心理。

破除附和集体的第二步，就是尽可能快速地捕捉集体可能暴露出来的伪装成分，将集体还原成一个个体，减少认同感。

做到这两步，此时你的心理已经获得了解放。此后，你会全身轻松，在智力上完全可以正视集体是个什么角色，调动自己去应对。

破除集体认同感

前面已经讨论过,个人的集体认同感让人们交出了自我,尤其在个人对外界事物信息不灵、情况不清、情绪不安时,会强烈地影响个人的认识。

著名管理学大师德鲁克曾经说过:

企业里,管理者告诉员工们要对企业、企业产品、员工的工作和企业的前景规划等产生认同感。

这些听起来很有道理。事实上,认同感通常表示员工们应该对企业及其各种活动和产品表示支持,他们应该为企业作出奉献。但是,如果某些人给"认同感"赋予的是接近心理术语所包含的意思,那么,所走的路就危险了。

这里,需要解释一下,从心理学角度上说,认同感往往与缺乏批判和判断能力相关联。如果一个人对某事或某人产生了认同感,他就会失去客观判断的能力。

因此,德鲁克提倡管理者要给予员工一定的距离感,使员工能够批评性地思考问题,作出全面的判断。没有绝对的客观性,但我们能够创造环境,使客观性成为可能。

的确如此。

摩托罗拉总裁爱德华在自己的自传里这样写道:

作为一个总裁,我希望我身边的同事和员工能够和我说,"这

第五章 不要被群体的认同感所左右

里的某些东西已经出问题了。我们需要改变……"但是，当我的同事和员工对我产生认同感时，他不能做到这些。他成了一个唯唯诺诺的人；他不会给我带来麻烦，但他也毫无用处。他对任何事情都表示同意，也许对所有事情都充满热情。但是，他不是同事或者员工，事实上，他是一个恐怖分子。

现实中，我们需要破除这种认同感，这种来自集体的认同感。

首先，我们要区别出集体的某些东西和认同集体的本身的不同。因为，相信集体有优点与对它产生认同感完全是两码事。我查了很多关于这个话题的文献资料，没有令人信服的迹象表明集体认同感与集体的成就有任何关系。

现实中，集体经常要求集体中的个体要维护集体利益，但维护集体利益与认同感并不挂钩。集体能够鼓动个体的热情当然很好，但这不是前提条件。

集体应该能够让集体中的个体做出对集体来说最重要的事情，应该让每一个个体全心全意地维护集体利益，其他的都不需要。

集体往往是根据个体的业绩来给予个体一定的回报，不是根据其做事的原因或动机，或者与之相关的感情或情绪。即使个体想这样做，集体对个人的动机或内心深处的感情也了解甚少。

这里有两个用得快掉渣的词汇——"认同感"和"热情"。两者相比，更重要的概念是义务感、责任感、自觉、认真和细心，这些积极性的字眼，对集体的利益更加有效，更具有生命力。

最重要的是给予个体一个机会，使他们看到他们所做的事情的意义和目的。用尼采的话说，"如果你明确人生的目标，几乎就能忍受任何工作方式。"

集体给予个体任务的时候，应该清楚地说明该项任务的意义。意义是最关键的因素，是最持久和最有效的激励因子，与之相比，任何其他东西都显得不重要。

事实上，集体对个体促生的认同感仅仅停留在认同的层面上，忽略了个体的特性。如果个体将这种认同感不加辨别地认知，终归会被认同感吞噬，成为集体中的"恐怖分子"。

絮絮叨叨这么多，用一个简单的事例进行说明。

大约两年前，刚买车的时候，非常兴奋。上班的时候，我郑重地把自己打扮了一番，目的是让自己能够配得上那辆车。上班途中，我觉得所有的人都在关注我。走进企业的时候，我有种想吹口哨的冲动。

让我意外的是，大家都在忙各自的工作，似乎并没有关注到我到公司是开车来的。

中午就餐的时候，依旧没有人对我的车发表任何观点，我沉不住气，引导他们谈论我的车。

一个关系不错的同事很意外，说："你是开车过来的？我怎么没有注意到。"

另外一个同事继续追问："你什么时候买的车？"

这个世界上最不需要动脑筋的话就是实话，这句实话让我有点失落。不，应该是很强的挫败感。

第五章 不要被群体的认同感所左右

人类行为有一个绝对重要的定律，如果我们遵守这个定律，几乎永远不会估计错自己的影响力。如果遵守了这个定律，我们就能够在任何的社交场合中正确地认识自己的能力和影响力。但在破坏那个定律的片刻，我们就会出现很多的心理问题。

这个定律是：不要被集体认同感所左右。

如果他们关注到我的行动，并对我的车进行评论，不管是好评还是差评，终归对我购买汽车这件事已经没有任何影响。如果说有影响，效果可能是差的，好评不会让我再次购买同样的一辆车，差评可能会让我对已经购买的车失望至极。

心理学家基洛维奇曾经做过一个实验：

他让康奈尔大学的一个学生背上名牌包，然后进入教室。背名牌包的学生在进入教室之前，以为他的这个包会引起全班同学的注意。但是结果出人意料，班级里26个同学，只有6个人注意到这一点。

集体的认同感会影响我们的心理，进而会影响我们的判断，然后引导我们做出偏离本意的结论。我们心中总认为集体对我们会格外注意，但实际上并非如此。对自我的感觉在内心世界占有重要的位置。另外，在集体中，我们往往会不自觉地放大了集体对我们的关注程度，而且通过自我的专注，我们会高估自己的突出程度。

前面已经说到集体认同感与缺乏批判和判断能力相关联。如果一个人对集体产生认同感，他就会失去客观判断的能力。

因此，我们要与集体保持一定的距离，这种距离不是脱离集体，而是在集体内部保留一点自己的空间，切不可将自己的思维方式、行为方式一并融入到集体中。只有这样，我们才能够保持清醒的头脑去思考问题，作出全面的判断。

情绪的传染离不开人的认同焦虑

心理学家梅奥经过研究表明，在某种情感形成的过程中，主体的情绪状态具有十分重要的作用。

实际上，情绪会像传染病一样传染。一个人的情绪会通过姿态、表情、语言传达给周围的人一些信息，在不知不觉中感染到对方——这就是心理学上说的情绪效应。

在你与某个个体或者某个集体打交道的过程中，你的某种情绪会引起对方的情绪上的波动。比如当你情绪糟糕时，你就会毫无根据地觉得对方是一个无理讨厌的家伙，潜意识中会产生一种排斥感。

这一点不妨看看心理学家的验证：

英国剑桥大学医学院的心理学家莱斯利做了一个实验，他将一个乐观开朗的人和一个整天愁眉苦脸、压抑沉闷的人放在一起，不到两个小时，这个乐观的人也变得郁郁寡欢起来。莱斯利随后又做了一个实验，将一个同样乐观的人和一群压抑沉闷、愁眉苦脸的人放在一起，不到20分钟，这个人就变得郁郁寡欢起来。一个人在一个群体中只要20分钟就会受到群体低落情绪的传染。如果一个人的敏感性和同情心越强，群体越大，个人就越容易感染上坏情绪，这种传染过程是在不知不觉中完成的。

这个过程证明，当个体进入群体后，其心理、行为便不可避免地要受到群体行为的影响，这是不可避免的。当然，在解释情绪传染的心理机制之前，我们必须进行限定，即这种得以传染的情绪与群体存在本身及目标一致，比如郁郁寡欢等一些消极情绪的传染。

关于群体中的情绪传染，莱斯利作了详细的描述。为了让人们更易于理解，他将这种情绪传染看成一种"催眠方法"，来自于潜意识下的心理竞争下的道德压力。事实上，在群体中，某人身上有某种情绪，然后在另一个身上也有某种情绪，用"传染"来表达最多只是一个类比，否则即容易形成误导，以为某人真把情绪"传"给了另一人。疾病的传染可以通过人的接触进行，但情绪的传染并不能简单诉诸人与人的接触来解释。

有关情绪传染的心理机制，可以从人的同情心的角度来论述。

假设，你看到一个非常可怜的老人，非常悲惨，只要你还没有丧失同情心，你肯定也会跟着痛苦。也就是说，老人的悲惨遭遇引发了他的痛苦，而他的痛苦的情绪传染给你，让你同样感觉到痛苦。

当然，这种情绪传染并没有实质性的行为出现，但却真实地影响着一个人的内心世界。

具体的情况其实是这样：老人和你两者都是一个个体，你们都有这种相同的存在属性,这一存在属性是你的"自我"的一部分。因此,你看见了老人的痛苦,因你们相同的存在属性,你也就看见了自己,痛苦也就被触发。

更详细的论述,可以这么说:你是否会痛苦,完全取决于你的内心世界是否有"老人"、"可怜"这个概念,是否把"老人"这一存在属性体验为"自我"的一部分。如果是这样,一个老人的痛苦在心理上便逻辑地等同于"我的痛苦",进而逻辑地等同于也是潜意识中自己的痛苦。这实际上说明你已陷入一种存在意义上的精神分裂。而同情心的出现不过是这种分裂的一种表现,即唤醒了潜意识层次中与他人的人性上的联系。

接下来,在同情心的驱使下,你可能会掏钱给这个老人。这固然是一个有同情心的表现,但其实并不像别人所吹嘘的那么高尚。实际上,掏钱的行为只是用来消除自己的痛苦,以便把由老人的痛苦所引发的你的痛苦消除。如果你还有同情心,你就不得不这样做,否则你的"自我"便会来反对你,你会陷入主要以对"人"这一存在属性的认同为主的"自我认同"的焦虑,承受道德上的压力。这样,你的心理生存就会受到威胁。

从这个角度上来说,我们得到的结论是:情绪的传染也无法离开人的认同焦虑,并且上升到以威胁到人的心理生存的道德压力。

前面已经论述,个体进入群体后,必须认同于群体的属性和目标,并且以这一目标作为道德准则来检验自己的行动。他必须通过语言、姿势和动作表现出与这一目标方向一致的情感与信念来,以便通过这一道德准则的检验。

显而易见,在群体中,当某个人表现出了某种与群体目标方向一致的情绪时,他便给群体中的个体造成了一种认同焦虑,使这个人承受着因他的情绪所带来的潜意识层面的某种压力,比如道德压力。群体中,当一个人的情绪表现出来,即等于给他人发出了一个信号,告诉他人你的存在更符合群体的道德准则,从而更具道德优势。而道德优势对应于心理优势,使他人相形之下处于心理劣势,威胁了他人心理上的生存。因此,基于心理竞争,他人也必须表现出这样的情绪。这样,情绪就得以"传染"。

有个网名叫"指环王"的网友在自己的博客中这样写道:

我自认为自己是一个积极向上的人,但有件事让我觉得非常困扰,即在和陌生人打交道时,我总是不能快速地融入。首先,我没有办法让自己快乐起来,我总是很压抑、难受,对方也同样表现得很漠然,对我的话题和我这个人提不起兴趣。还有一次,我竟然莫名其妙地激怒了一位女士。这到底是怎么回事?

看完这篇博文,引起了我的共鸣。几年前,我和他有着相同的经历。刚刚进入公司的时候,在与陌生同事的交往中,我常常也将一些不良情绪带给陌生同事,使他们在私底下议论我这个人是不是不合群。直到经过一段时间的交往,我与他们认识了之后,这种不良情绪才得以消除。

很多人和博主有着相同的经历,尽管知道一些交际的心理知识和一些交际技巧,但当他们付诸实践,自信地和人打交道时,结果却因为自己不能保持良好的情绪，让沟通的结果大打折扣。原因很简单，他们注意到了很多技巧性的东西，却忽略了自己的情绪，这些或紧张或烦躁或失落的情绪直接反映到一些细节上。例如，双眼暗淡无神，肢体动作不协调，不时地看手表，表情僵硬等。这些小细节都会给对方无聊、紧张、冷漠的心理暗示。在这种暗示的影响下，他们原本的情绪就会不自觉地被牵引，变得十分糟糕，进而对沟通产生障碍。

当然，事物都有两面性，糟糕的情绪表现会破坏你和陌生人的交往，乐观积极的情绪又会感染给对方。正确利用情绪效应，让它为你所用，就能帮你给别人留下很好的印象。

事情的两面性在于内心的情绪。心理强大的人能够很好地把握，沉着应对，在沟通过程中展现自己最好的一面。

避免糟糕的情绪传染，在一定程度上能够强大你的内心。

内心强大的敌人是"假自我"

首先，以人的初始状态婴儿与母亲的关系为例进行论证。以婴儿与母亲的关系为例，是因为婴儿处于意识形成的阶段，从一个人意识形成的阶段论述，更容易让人理解和接受。

第五章 不要被群体的认同感所左右

根据英国剑桥大学生物学博士莎科的客体关系理论,一般而言,婴儿在三四个月的时候,开始具有初步的意识,这叫全能控制感,认为母亲和世界与自己浑然一体。如果母亲足够细心,婴儿的全能控制感便得到满足,并通过母亲的及时反应而建立起基本的存在感。然而,如果母亲的照料常常不够及时,婴儿就会将"不及时来哺乳"的乳房视为坏的,并把自己内心的焦虑通过击打、哭喊、撕咬等具有攻击性的行为投射给"坏"乳房。这时候,一个足够细心、善良的母亲会用爱包容婴儿的焦虑,并将其化解,至少可以化解一部分。

相反,如果母亲没有采取包容的行为,甚至反而采取一些消极的行为对待婴儿,婴儿就会感觉自己好像被撕裂成碎片,存在感支离破碎,面临着更大的焦虑。为了应对这种痛苦,婴儿会形成"假自我"——所谓"假自我",就是婴儿在应对妈妈投射过来的痛苦时形成的东西。本来,理想的情形是,婴儿有了一种感觉,得到了妈妈的包容之后,围绕着感觉可以形成真自我。但在糟糕的情形下,婴儿的本有感觉要埋藏起来,还要花费巨大的努力去面对妈妈投射过来的痛苦,围绕着妈妈的感受建立起一个假自我。简而言之,真自我是以婴儿自己为中心的,而假自我是以妈妈为中心的。

根据莎科的客体关系理论,当一个人走上社会,相对于自我与社会的复杂关系而言,更多的人将自我交给了社会,去适应社会,然后围绕着社会的感受建立起一个假自我。

美国西点军校特种部队有这样一项规定:

不允许特种兵在发生某一件事后立即申诉,必须忍受一夜,甚至更长的时间。如果立即申诉，他马上就会受到惩罚。

西点军校特种部队的这条规定的出发点，是让兵士在容忍中强大内心，找寻真实自我。

有这样一个故事：

老板给三个员工分别布置了同样的任务，"我的头有点疼，你给我找出至少三十种治疗头疼的药物资料，尽快拿到我的办公室来。"

这个任务布置下去之后，三个人立刻开始了工作。第一位在办公室里给所有的药店都打了电话，中午的时候告诉老板：治疗头疼的药，市场有五十多种。然后将这些药逐一汇报给老板。

第二位员工骑着自行车跑遍了市内的所有药店，临下班时气喘吁吁地出现在老板的办公室里，说："我把市里的药店全问遍了，治疗头疼的药有三十一种。"然后逐一报出来。

第三位员工既没有上网也没有给药店打电话，只是简单地跑到附近的药店，给老板买了一盒头疼药。

这里，提醒一下。接到任务的时候，他问了一句："你发烧吗？以前有过这种症状吗？"

老板摇摇头。

几天后，第三位员工得到升迁。

这位员工甚至没有完成老板交代的任务，却把握住了升迁的机会，因为他把握住了自己最真实的一面。

很多时候，我们说战胜自我不是和自己作对，而是战胜"假自我"。

如果一个人的真自我不够强大，心理生存就会受到威胁，因为外界凶险强大。因此，心理强大的训练，一是让你意识到真我，二是增强它的力量。

一、意识到真我。

心理强大的特征之一是理智与情感并存，心灵与头脑和谐，即自我没有陷入冲突。

54岁的卡罗尔曾经参加过英国独立电视台在澳大利亚丛林中举办的《我是名人，让我离开这》野外生存真人秀节目。这个节目在英国很受欢迎，每期会请来10位所谓的"名人"参加，大多是过气的肥皂剧明星或者流行歌手。

作为曾经是英国首相的铁娘子撒切尔夫人的女儿，她应邀参加。在刚开始的两天里，卡罗尔经过一天的生存挑战，累得要命，爬上营地中的吊床就呼呼大睡。然而午夜时分，卡罗尔显然感到了内急。她看看黑暗的四周，发现其他人都在沉睡。她显然不想在黑暗中穿过丛林营地，到一个专门的厕所中去解手，于是她跳下吊床，扯下裤子蹲了下来，在营地地面上随地方便了起来。

然而卡罗尔不知道的是，电视小组的红外线摄像机仍然在秘密地对所有参赛成员进行拍摄，卡罗尔随地解手的场景一清二楚地被现场直播，1000万观看该真人秀的电视观众看到卡罗尔在黑暗中当众解手的镜头时，被惊得目瞪口呆。

直到卡罗尔在真人秀节目中出现，人们才意识到她是一个待人热情、令人温暖的人。但卡罗尔的朋友说，她本来就是这样，只不过她的母亲太强大了，人们才没有注意到她。当撒切尔夫人被人称为"铁娘子"时，卡罗尔就变成了一个"绵羊女儿"。

这期真人秀播出之后，卡罗尔一下子卸掉了所有的包袱。她说："在她（撒切尔夫人）的教育下，我从未感觉到如此的轻松。但是，这次的糗事却让我获得前所未有的快乐。"

我们说一个人是"真我"，不是你所说的那些"本能"，有些东西是"超我"，不是"真我"；有些是性格，并不是"真我"，如懒惰，虽然来自本能，但绝不仅仅是一种生物本能，而是附上了社会价值的观念。

这种情况说明心理实际上是很弱的。你不敢面对未知的世界，因为这个世界一定要有得到证实的真实你才有安全感。你希望用假自我给自己增强一点确定性以便消除恐惧，但这是徒劳。

二、增强它的力量。

只有拥有力量的真我才能强大我们的内心，才能在强大的心理下，推动我们前进。这就好比是一台机器，一定要有马达发动电力，才能转动。意识到真我，就要发挥真我的力量。力量来自于我们的心理意识，来自于我们的智慧、信仰、道德，如果没有力量，就什么事都办不成。

增强真我的力量，我给你以下几点建议：

用知识武装真我。学习知识的时候，必须有理解力，有巧慧，不读死书，不死读书，要能融会贯通，而且活用所学的知识，这样求知才有意义，才能真正发挥自我的力量。

用信仰武装真我。人应该有一种信仰，信仰就是力量。一个人如果没有自信心，或是信仰不够坚固，轻易就被动摇，就表示这个人心理不够强大。

用沟通武装真我。人的社会性决定人应该与人沟通。在与人沟通的过程中，强大自我，不断壮大心理的力量。

要学会休息。生理需要适当的休息，心理同样需要休息。如果日夜不眠不休，没有适当的休息，就会疲倦，长此以往，内心强大就会成为一句空话。

阻止他人的语言和行为进入你的内心

一个人的心理是否强大，与情绪、情感息息相关。情绪、情感是外界刺激，特别是由于情绪的传染性，是导致他人携带某种价值符号或者信息的语言及行为引起的。如果你非常容易被群体认同感所左右，他人的情绪就会与你的情绪、情感相对应，就像通了电一样，只要别人通电，你这里立刻就能接收到信号。当然，你的心理就像是电源接收器一样。

这样，你的言语行为都在别人有意识或者无意识的控制之下，别人的言语行为非常容易侵入你的思维之中，你的思维对别人的情感侵袭毫无免疫力。简单地说，你就是他人的一个中转站，负责传递消息、情感等，没有任何自己的主张，也缺少任何的防御能力，完全处于弱势。

为了在心理上变得强大，你需要打破这一点，不让他人的言语或者行为进入你的心理结构。简单来说，就是你打破这种固有的方式，阻击他人的语言和行为进入你的心理结构，保持内心世界的独立。只要你对他人的语言和行为不做价值判断，它就无法进入你的心理结构，而只停留在你的智力判断的层次里。这样，你就不再是他人语言和情绪的中转站，而是能够通过吸纳对己有利的信息，解读他人的语言和行为的主体。同时，在这种主客体关系的转变中，你吸纳了新的知识，拥有了心理优势。

说一个已经说滥的故事。

父子俩赶着一头驴到集市上去卖。在去集市的路上，有人批评他们太傻，放着驴不骑，却赶着走。父亲觉得有理，就让儿子骑驴，自己步行。没走多远，有个年轻人批评那儿子不孝，说："怎么自己骑驴，却让老父亲走路呢？"儿子听了，赶紧从驴背上下来，让父亲骑上去，自己步行往前走。

刚走了一会，过路的一个老人批评说："瞧这当父亲的，也不知心疼自己的儿子，只顾自己舒服。"驴背上的父亲一听，觉得说的也有道理，可是该怎么办呢？干脆，两个人都骑到了驴背上。刚走几步，几个赶牲口的人为驴打抱不平了："天下还有这样狠心的人，看驴都快被压死了！"父子俩没有办法，索性把驴绑上，抬着驴走……

故事中父子俩的行为很可笑，但笑过后想想，我们自己是不是也经常这样做：做事或处理问题没有自己的思想，或自己虽有考虑，但常屈从于他人的看法而改变自己的想法，人云亦云，随波逐流，一味讨好和迎合别人，而失去了自己的原则呢？

父子俩对他人的语言、行为不做判断，别人说什么就是什么，失去了心理优势。

要防止他人的语言和行为进入你的心理结构，你需要从以下几个方面入手：

1. 克制自己的情绪。

一句不雅的话：人都有不如意，都有吃屎的时候。吃屎的时候千万别嚼，将不如意降低到最低。比如，当你无缘无故被上司责骂的时候，即便你是冤枉的，也一定要克制自己的情绪。因为上司对下属不满、批评下属的时候，是希望下属能够接受他的批评。如果你没有克制自己的情绪，而是采取了一种反抗的话，就等于你不认可他的批评，等于他的批评是错误的。当一个人被别人指出错误的时候，心底会产生强烈的抵触情绪，这个时候，遭殃的就是你。克制自己的情绪，克制自己的愤怒和耻辱感，这是非常关键和重要的一步。因为这是你避免沦为中转站，将上司对你的语言和行为转移出去的一个最好的时机。一旦你切断了这种语言、行为的传递途径，就等于你消除掉了上司的行为、语言所携带的价值信息。

2. 冷静地观察。

当你打破这种固有方式，不让他人的言语或者行为进入你的心里时，你就已经保持了内心世界的独立。同时，你对他人的语言和行为不做价值判断，让它们停留在你的智力判断的层次里。你冷静地听着他责骂你这件事情的整个原因，以及他想期待的结果。同时，盯住他因为责骂你而呈现出某种表情的脸，告诫自己，一定不要怕，他只是一个愤怒的人而已，愤怒是无能的表现。他需要对你进行警告，就像一条乱叫的狗一样，一点都不危险，真正危险的是那种不叫的狗。只要你的眼睛没有多大的挑衅性质，一般不会有多大问题。他责骂你只是一种发泄，发泄完了就风平浪静了。真正想对你采取实质性的举动，比如开除，就不会对你说那么多了。

3. 不要关注责骂的后果。

在受到上司责骂的时候，不要去考虑他的语言和行为对你产生的后果是什么，这些反应都是在很短的时间内发生的，但却会影响你的价值判断。

人的心理受到外界环境的刺激，在接受外来的信号时，如果做价值判断，很容易影响到智力的发挥。比如，收到积极的信号则会给你一种积极的影响，如果是消极的信号则会产生消极的影响。但不管是何种信号，都会分散你对价值判断的关注。

美国的一项研究表明，人的大脑由于受外界环境影响而出现的某一图像，会像实际情况那样刺激人的神经系统。比如，当一个篮

第五章 不要被群体的认同感所左右

球手投球之前,一再告诫自己"不要投到篮筐上面"时,他的思维接收到外来传递的信号,大脑里就会出现"球投到篮筐上面"的情景,而结果往往会投到篮筐上。不要去感觉上司,而要思考他的表情,思考他的话。比如,他说这些话,只是一种宣泄,在证明自己的权威。价值判断和思考是不能并存的,当你在思考时,你的价值判断就不复存在。这个时候,你的思考把你变成了一个主体,你的那个被他的语言和行为作用的"我"已经不见了,而恰恰是你在把上司当成一个课题进行分析、解剖。

人的内心是否足够强大,关键在于这一现实是作用于你的智力结构还是心理结构。

前面已经论述过,要阻止他人的语言和行为进入你的心理结构,让他人的语言和行为停留在你的智力层面。这样,即使你面对一个在地位、能力方面比你占有绝对优势的对手,你也能从容面对,在心理上保持优势。

这一切是因为,对方的地位比你高、能力比你强这些社会价值排序的旧有观念没有进入你的心理结构,根本无法对你构成威胁。再次,在智力结构上你不会受到影响,能够正确地判断,你具有认知的优势,你所要做的只是权衡而最大化地为自己争取利益而已。

在现实中,别人难免会评头品足。其中有善意的批评、指导,也有恶意的嘲讽、诽谤。对于别人的议论,一要看自己的路如何,二要看别人议论的实质,要将二者参照比较一番,才可以决定自己的取舍。

人生的道路都是坎坷不平的，因此我们必须有勇气，有信心，脚踏实地地走向光辉前程。

了解自我才能正确地估量

有一次我出去旅游，是中午十二点半的航班，但这个时候是很多人午休的时间。百无聊赖，我拿出一本杂志消遣，看到杂志上有一句话：在公共汽车上，你会发现这样一种现象，一个人张大嘴打了个哈欠，他周围会有几个人也忍不住打起哈欠。

恰在此时，我不自觉地打了一个哈欠，让我意外的是，身边的妻子和右边的一位男士，也相继打起了哈欠。

偶然之间的收获：打哈欠是会传染的。

打哈欠的行为，心理学上叫自我知觉，在这个过程中，人非常容易受到来自外界信息的暗示，从而出现自我知觉的偏差。

简单来说，医生站在病人的床前，会给人一种压迫感；考试的时候，老师站在你的身边，会让你觉得被人监视；工作的时候，老板站在你的身边，会让你浑身不自在。

这就是内心不够强大的直观表现。

心理学家伯特伦·福勒曾经做过这样一个实验：

他给不同血型的人做完多项人格调查表后,拿出两份结果让不同血型的参加者判断哪一份更贴近自己的性格特征。事实上,一份是参加者自己对自己的测试结果,另一份是多数人的回答平均起来的结果。参加者竟然认为后者更准确地表达了自己的性格特征。

这是一种对自己不正确的认知。

更多的人内心更愿意相信一个笼统的、一般性的概念。即使这种描述都是笼统、概括的语言,他仍然坚持认为反映了自己的人性特征。

这些笼统、概括的语言,其实是一顶套在谁头上都合适的帽子。只是,由于你的内心不够强大,在你看来,这顶套在谁头上都合适的帽子,是最适合你戴的帽子。

生活中,很多人爱好星座、血型、属相的命运及性格特征,因此很多人对照自己的血型、星座、属相,参照这些介绍后,都认为说得"很准"。其实,这是因为这些人内心不够坚定,容易受暗示。比如,你看到一把椅子后,不会想到自己的臀部是否适合这个椅子的尺寸大小,而是以椅子的大小尺寸来衡量自己的臀部。即便是身体很胖,也会在潜意识里将自己的臀部缩小尺寸,以满足这把椅子。看到关于血型、属相、星座的介绍后,你会将这些融入到自己的性格中。即便一大段无关痛痒的话中只有一句是你想表达的话,你都会觉得说得"很准"。

这种"参照帽子去想象脑袋的尺寸"的心理,让许多可以成为优势的能力没有发挥出来,同时你也有一些缺点容易被你视而不见。

最简单的事例:看到一个女士穿着一件非常性感、漂亮的裙子,从你的面前走过。你会认真地记下这个裙子的颜色及样式,同时心中会思量这种裙子穿在你的身上,会一样的漂亮,甚至更漂亮。事实上,性感、漂亮的裙子,并非适合每一个爱美的女士。

实际情况是:别人谁也不能做你的镜子,只有自己才是自己的镜子。拿别人做镜子,白痴或许会把自己照成天才的。

这一切都源于内心不够强大。克服这些,需要你具备一颗强大的内心,能够正确地认识自己、面对自己。

认识自己,不是了解自己的姓名、身高,而是深层次的真实的自己。不要很有胆量地拍拍胸脯,说:"我非常了解自己。"

如果这样的话,可以进行一个小小的测试:

闭上眼睛,回答"你的食指和无名指哪个长?"

一个简单的问题,居然有高达九成的人的回答是错误的。

你无法准确地说出你的无名指与食指哪个更长一些。

再进行一个情商的测试题目:

当一个落水昏迷的女人被救起后,她醒来发现自己一丝不挂时,第一个反应会是捂住什么?答案是尖叫一声,然后用双手捂着自己的眼睛。

认识自己、面对自己。从内心的角度来说,不能认识自己,不敢面对自己,是掩盖自己的心理。这种掩盖更多的是出于心理"缺陷"。就好比食指和无名指哪个长,落水女人捂住眼睛,这两种结果实际上都是一种心理上的"掩盖"。因此,要认识自己,首先需要正确地面对自己。

认识自己、面对自己，就要具备收集信息的能力和敏锐的判断力。可喜的是，人天生就具有明智和审慎的判断力。判断力是需要在足够的信息基础上进行决策的能力，信息对于判断的支持作用不容忽视，没有一定程度的信息收集，很难做出明智的决断。

有一句话说，"谎言说了三遍，就会变成真理。"只要你做到了足够程度的信息收集，就能够揭穿谎言的真面目。比如，我们听到"三个臭皮匠，赛过诸葛亮"这句话，初听到时，会替诸葛亮惋惜，同时会感叹人多力量大，但只要你具备较强的判断能力，你就会知道：臭皮匠与诸葛亮之间不是简单的加法关系，臭皮匠永远都是臭皮匠，即便一千个臭皮匠，也无法赛过一个诸葛亮。

古语云：以人为镜，可以明得失。通过与自己身边的人在各方面的比较，来认识自己。这里，比较的对象至关重要。在比较的时候，你不能拿自己的优点去比较别人的缺点，也不能拿自己的缺点去比较别人的优点。如，你不能和光头比较谁的头发多，不能和美国总统比说普通话。要根据自己的实际情况，选择条件相当的人作比较，找出自己在群体中的合适位置，这样认识自己，才比较客观。

第六章

消除内心对事物追逐的确定性

寻求确定性是人的天性

曹操是一个智者。关于他,有着许多脍炙人口的传说。这里,我们来说一个望梅止渴的典故。

三国混战,曹操率兵去宛城讨伐张秀。当时是赤日炎炎的七月,连日的奔波,将士们个个汗流浃背,口干舌燥,士气低落到了极点。

曹操看到军队越走越慢,根据眼前的形势,很难如期到达目的地。于是,心生一计,扬起马鞭,指着前方对下属军士高喊:"前方有一片梅林,赶到那里我们再休息。"

当兵的听到曹操的话,眼前仿佛真的出现了一片梅林,想到酸甜解渴的青梅,都流了口水,一个个争先恐后地赶路,最后终于按期到达。

曹操是一个聪明的领导,他画了一个"饼",用一种潜在的"充饥"力量,成功地给下属的精神注入了力量,帮助士兵完成了精神上的充饥感,实现了自己预期的目的。

第六章 消除内心对事物追逐的确定性

人的心理像需要上发条的闹钟一样，一旦失去了发条的催动力，闹钟就会停止。

心理学中，人的情感会不同程度地受到一种确定概念的影响。此时的人们，会不自觉地愿意靠近确定性的物质的影响和暗示。而这种暗示，正是人的天性之一——寻求确定性。

曹操的士兵得到了确定的信息——前面有一片梅林，他们相信自己的首领不会欺骗他们，犹豫不决的心理世界寻求到了确定性，就像闹钟一样，发条上的动力十足，在确定性的动力下，完成了一次壮举。

再来举一个事例！

在法国，有一个年轻的画家痴迷绘画，发誓要提高自己的绘画水平，画出让所有人都能喜爱和赞叹的作品。为了清楚自己的绘画水平，了解人们对他的画究竟有怎样的态度和看法，他把自己的一幅作品拿到了市场上，并在旁边放上了一支笔，让人们把他们认为不足的地方指点出来。

晚上回去之后，画家发现这幅画已经被密密麻麻地标注了很多认为不足的记号，甚至有一句评语：这是最糟糕透顶的一幅画。显然，在人们看来，这幅画简直就是完全失败的作品。

这个结果使年轻画家的自信心受到了巨大打击，他情绪低落、万念俱灰，怀疑自己根本不具备绘画的天赋，甚至决定封笔。

画家的父亲知道后告诉他，在确定你有没有绘画水平时，应该寻求一种积极的确定信号，他要求他再把一幅相近的作品放到菜市场上，只不过这次是让人们把那些他们认为很好的地方指点出来。年轻的画家照着父亲的要求去做了。让他无论如何也想不到的是，当他把放在菜市场上足足一整天的作品再拿回家的时候，竟然发现那幅画上所有的地方又都被人们密密麻麻地标上了认为很好的记号。

这次，年轻人非常高兴，决定继续自己的创作。

他的父亲说，"现在你需要的不是创作，而是强大你的内心。寻求确定性，是你没有强大的内心，这如何能够创作出好的作品呢？"

年轻人决定锻炼自己的心智。

这个年轻人就是后来世界知名的印象派画家皮埃尔·奥古斯特·雷诺阿。

确定性是一个抽象的概念，要解释这种现象，还是从生活中的事例入手。

几千年的历史演变中，迷信的东西一直存在。即使是在当代，在科学技术如此发达的今天，还有很多人倾向于把很多不能解释的现象视为某种魔力存在。比如，在黑暗之中，当我们看到一个恐怖的黑影时，我们潜意识中会将这种现象和鬼联系起来。

暂且不去解释这种现象。

偌大的公园里，你一个人安静地坐在一张双人椅上看书，突然有一个人走过来，坐在你身边的椅子上。相信你的第一反应是会不由自主地以一种敌视的目光看着身边的这个陌生人，甚至会明确地表示反感，明确表示："你想干什么？"然而，如果坐在你身边的

第六章 消除内心对事物追逐的确定性

是情侣，别说十厘米，即便是零距离也不见得会觉得难受。如果公园的长椅上，几乎坐满了人，只剩下你身边的那个位置空着，这时候走过来一个人，直奔你的方向而来，坐在了你身边，通常你不会觉得有什么。

为什么会有这种感觉呢？

上面的现象有许多种解释，但是，如果将所有的解释赖以成立的条件全部舍弃，而问题仍然存在，你的解释就是不充分的。比如，你可以认为一个陌生人坐到你的身边，你之所以感到不适和莫名的焦虑，是因为你不确定，你无法确定他的长相、表情、穿着等透露出来的信息。但是，假如把这些信息都拿掉呢？显而易见，你的不适和焦虑仍然没有消去。

只有一个解释，你无法判断他的出现对于你来说意味着什么。换言之，你无法确定，他到底是不是一种威胁性的存在。因为在你的潜意识中，他是不透明的，相形之下你对于他保持着某种透明性。正是这一点，你感受到了威胁。但这种威胁无法确定。你的不适和焦虑，恰恰是不能确定威胁的心理结果。

如果两个人是情侣关系，你则不会有这种感觉，因为对你而言，你对对方是确定的，在你潜意识中，你对他具有确定性，确定性支持着你不会对他有所排斥。

换言之，你无法忍受不确定性。你一定要确定他对于你来说意味着什么。除非你把他看成有威胁的或没有威胁的，否则你就无法防御，无法放心。

一定要给自己寻找一个确定性,一个方向感,是我们存在的一条重要的规律。对确定性的寻求,乃是我们的先验渴望。

因为人的心理会寻求确定性,对某些事情或者某些人不具有确定性,不知道会发生什么,这种心理让人失去了基本的安全感。马斯洛的需求层次理论提到,寻求安全感是人的基本需求,如果失去了这种安全感,心理就会始终处于焦虑的状态,又怎么会拥有一颗强大的内心呢?

一个切实的结论:如果一个人知道未来会发生什么,他还可以把握,可以控制,可以应对。但是,如果他不知道,对可能要发生的事情没有任何预感,在心理上没有任何防护的话,就会被焦虑淹没。

不要害怕没有确定性

举个简单的事例:

一年一度评优秀员工的日子又到了,公司所有的员工竞争有限的几个名额,大家的表现都不错,业绩都相仿,你有把握胜出吗?

跟陌生的客户谈合作,双方讨论项目与报价,会谈十分融洽,但几个月过后,没有任何结果,你会有怎么样的打算?

参加了好几家公司的笔试、面试,数着手指头盘算着日子,始

第六章 消除内心对事物追逐的确定性

终没收到一张接收函。怎么办呢？还能找到工作吗？

处了半年多的女朋友，最近忽然开始对自己冷淡了，她在想什么呢？明天她会提出分手吗？

人们几乎时时刻刻都处在不确定之中。对事情的不确定感沉甸甸的，像压在胸口的大石块一样，让人感到不安全，时刻处于一种紧迫感之中，感到生活和命运不在自己的掌控之中。

对身边事物的不确定，有的是我们内心世界的犹豫不决、患得患失造成的，更多的则是当前这个社会大背景造成的，每个人都在为自己的人生目标寻找着出口，各种主观的和客观的力量交织在一起，让很多人在不确定因素中饱受折磨。

当我们面对生活中的不确定性时，如果控制不好，心里会产生焦虑、恐惧、抱怨、咒骂等消极情绪。我们的心就像一个悬在半空中的气球一样，上不着天下不着地，什么也干不下去。

面对这种情况，我们该如何做呢？

我们无法控制外界环境的变化，但我们可以控制自己的心理世界，让心理世界变得强大，在不确定的条件下，正确地面对这种不确定性，快乐地生活。

再来说一个已经说滥的故事，这些故事虽然俗滥，却很有哲理。

有一个少林俗家弟子，因为胆子小，不敢修炼师父教给他的铁头功，害怕自己的脑袋会受不了砖块的撞击而受伤，便趁着师父打坐的机会，偷偷地溜出来，想借机逃出少林寺，以免因为练功而受伤。

很不幸，在准备逃走的时候，遇到了少林寺住持。

住持关心地问道:"现在正是强身健体的好机会,你为什么跑出来?"

这位俗家弟子一时间不知道该怎么回答,指了指自己的脑袋,面露难色。

住持知道他是因为害怕练武功才跑出来的,于是便语重心长地说道:"你知道众人生活在世间,什么事情最危险吗?"

这位俗家弟子脱口而出:"练铁头功最危险。"但随即想到刚刚师父在向自己示范时,将一块砖块生生顶碎,顿时又摇摇头。

"活着是最危险的事情。"住持说。

"活着?"这位少林俗家弟子充满了疑惑,活着怎么会是最危险的事情呢?

"活着的人,随时都受到死亡的威胁,但是他们却通过改善生存环境,通过辛勤劳作,可以在大雪封门的时候依旧快乐地生活着,因为他们战胜了死亡的威胁。"住持不紧不慢地说道。

俗家弟子想了想,赶紧走回去,辛苦修炼师父教给的铁头功。

活着是最危险的事情,随时都会受到死亡的威胁,但是许多人依旧每天都冒着随时死亡的危险,辛苦地劳作。因为他们敢冒随时死亡的危险,所以他们才幸福地活在世间。

这告诉我们一个哲理:死是不能确定的,但我们只要心理足够强大,消除这种不确定性带来的负面效果,我们就能够正确地面对死亡。

商界大亨李嘉诚在谈到自己为何能在竞争激烈的商场独占鳌头

第六章 消除内心对事物追逐的确定性

历久不衰的秘诀的时候，认为自己成功的首要因素就是不畏惧不确定性。在任何事业中，把所有的不确定性都消除掉的话，自然也就把所有成功的机会都消除掉了。他甚至认为，如果一个机会没有伴随着不确定性，这种机会通常就不值得花心力去尝试。他坚定不移地认为，有不确定性才有机会。正是因为不确定性事业才更加充满跌宕起伏的趣味。

除了李嘉诚，事实上，电脑巨头比尔·盖茨也是一个不害怕不确定性的人。盖茨在哈佛大学的第一个学期就故意制订了一个策略：多数的课程都逃课，然后在临近期末考试的时候再拼命地学习。他想通过这种考试能否通过的"不确定性"，检验自己怎么花尽可能少的时间，而又能够得到最高的分数。他做得很成功，通过这个"不确定性"的尝试，他发现了一个企业家应该具备的素质：如何用最少的时间和成本得到最快最高的回报。后来，他又利用了一次"不确定性"。大学二年级，也就是他刚刚过完二十岁生日的那一年，他毅然选择了退学，去发展自己的事业。他总是在培养自己，当时他的这种行为被称为"疯子的行为"。

退学去发展自己的事业，结果可能有两个：事业一败涂地，同时荒废了学业；事业一飞冲天，同时荒废了学业。

这两种不确定性都有荒废学业这个关键的确定性，但盖茨在这种不确定性与确定性面前选择了不确定性。后来，世界上多了一个叫比尔·盖茨的富翁。慢慢地他被称为世界财富的传奇。三十年之后，他拿到了迟来的哈佛大学文凭。

有的人害怕不确定性，总担心事情会走向不确定性中最坏的环节。他们总会找出各种各样的理由，来使自己避开这种不确定性。最后，他们把握住了确定性。比如，他们确定自己做这件事不会成功或者失败，但同时他们与这种经历擦肩而过，最终只能蹉跎岁月，一事无成，只能羡慕地望着别人站在财富之巅。

有的人畏惧不确定性，哪怕有一点点的不确定性也会让他望而却步，将本来非常有希望将自己推向成功之路的事情推给了别人，但当别人历经不确定性之后得到掌声和鲜花后，他们又后悔莫及，当初不该将机会拱手相让。

有的人心理弱小，害怕这种不确定性，他们总想躺在"确定性"的港湾里，风平浪静，无比留恋安逸和舒适。殊不知，这种不愿意涉足不确定性才是最大的不确定性，因为不愿意涉足不确定性的人，在遇到任何不确定性的情况的时候，都会选择知难而退。任何成功都具有不确定性，不经历不确定性的成功不是成功，而是平庸。

不过也要注意，毕竟不确定性是失败的导火索，常常意味着放弃到手的一切，意味着要承担许许多多困难和压力。

但是，如果是这样的话，我们的世界会不会进步？人类的文明和繁荣是不是一纸空文？我们应该知道，做任何一件事、完成任何一种工作都不可能有百分之百的把握。即使在我们的日常生活中，也常常充满着不确定性，只是不确定性的因素低些罢了。不确定性虽可能会导致你失败，但如果你能化不确定性为确定性，那么你获得的回报将远远比不冒风险做事所取得的回报要高得多。

第六章 消除内心对事物追逐的确定性

鲁迅先生说过,世上本没有路,走的人多了,也就成了路。敢于第一个吃螃蟹的人是多么难能可贵,心理该是多么的强大。要不然,世界上就不会有螃蟹这一道美食了。他不确定螃蟹是不是能吃,不确定是不是吃完之后会被毒死,但终于在战胜了不确定性之后,为人类增加了一道美食。

知识可以用来消除不确定性

以一个故事开题:

三国时期,吴国著名将领吕蒙,自入仕途开始,便跟随孙权南征北战,为东吴的建国立业立下了汗马功劳。

吕蒙武功高强,战功赫赫,不愧为英勇的战将。然而,因为他从小没有受过任何教育,没有什么智慧可言,行事粗鲁,又全不懂礼仪文饰,大家私下里都称他为"吴下阿蒙"。

一次,孙权与吕蒙在一起谋划一件军事时,孙权举了几个古人的事例,吕蒙一无所知。孙权见状便说:"吕将军,你现在与我一起执掌国家大政,应该多读点书,学点历史和文化知识,这样才好。"

吕蒙一听,马上说:"我每天军务都忙不过来,哪有时间读书?以前,我不读书,不是照样带兵打仗吗?"

孙权笑着回答:"要说忙,你不会比我忙吧?我自渡江以来,就抽空读了《史记》《汉书》和各种兵书。你也不会比曹操忙吧?曹操带兵打仗经常都忘不了读书,越老越喜欢看书。东汉的开国之君刘秀,时常手不离书,这些都是人所皆知的。"

吕蒙听了依旧不怎么服气,嘟囔着说道:"读书与不读书还不是一样啊?"

孙权继续说道:"要说读书与不读书,那可大不一样。书中有很多道理,可以使人聪明;书中的历史经验教训,可给人启示警惕。我治国理政,许多都是从书中受到教育启发的。"

听了孙权的这一番话,吕蒙才知读书的重要,从此以后,每天军务再忙,他都要抽一些时间来读书。他还聘请了二位文士,来指导他读书。

开始读书时,吕蒙倒没什么特别感受。渐渐的,吕蒙读出味来了,眼界不断开阔,思路日益活泛,才发觉自己以前的愚昧无知。于是,越读越有收获,后来竟成为一位饱学之士和智谋帅才。

之后,他借助学习的知识,从蜀将关羽的手中夺取了荆州,并将关羽拉下马,创造了三国中有名的"大意失荆州"事件。

满载货物的轮船才能经得起风浪。一个人要内心强大,需要知识的填补,需要用知识消除内心的不确定性。

只有通过学习更多的知识,才能填补自己的蒙昧无知,不确定性的东西就不会侵袭你的心理。吕蒙能不断地学习,通过读书提高自己的能力,消除内心的不确定性,由"阿蒙"变为文武双全的将领,

第六章 消除内心对事物追逐的确定性

实现吴国多年夺取荆州的愿望，被传为千古佳话。我们也应从吕蒙的故事中得到启迪，时时注意发现自己的不确定性，并努力去消除它。一个人的不确定性越少，心理就越强大。

我们当前生活的时代是信息时代、知识爆炸的时代，如果想在知识爆炸的时代有一番作为，消除内心的不确定性是不可避免的，而消除不确定性，需要具备渊博知识。

时代在改变，我们也必须随之改变。改变得越快，成功得越早。过去被认为是错误的，现在变成正确的；过去被批判的，现在都在号召；过去是打击的对象，现在是英雄人物。

在当前快速发展的社会中，我们知道的一些东西，可能到明天又会变成过时的。如果我们停止学习，就会停滞不前。如果停滞不前，就会对更多的事情具有不确定性。这种不确定性加剧了我们内心的弱小，弱小的内心怎么会发挥出强大的效应呢？

有人会说，知识有什么用？知识再丰富，始终会被别人超过。一个人可能超过不了你，两个人联手便可超过你。不是有句话说："三个臭皮匠，顶个诸葛亮"吗？此话说得不一定正确，却也有一定的道理。

三个臭皮匠，可能无法顶替得上一个诸葛亮，不要说三个，就是十个百个，千个万个，都没法和诸葛亮比。诸葛亮一个人，指挥的是千军万马；臭皮匠多，所需要的花费也会很大。现在是用效率说话的时代，是不会有人愿意花费庞大的资金养一群所谓的智囊团的。

再次，人的智力并不是一加一等于二的，拔河比赛可以靠人多取胜，但智慧的较量，归根到底是知识的较量，和人数无关。

这已经是一个知识经济时代，想出人头地，靠的是知识——用知识操纵更多人的能力，为我所用。

知识是一个人内心强大的必不可少的因素。人只有勤奋学习，再去实践，才能获取知识，才能减少对未知世界的不理解，对未知世界做出正确的预判，减少心理的不确定性因素。

有句话说："知识是一个穷人变为成功人士的阶梯。"一个人依靠自己的双手无法成为成功人士，因为世界上四肢发达的人很多，心理强大的人则很少。

当今的成功人士有哪个是依靠发达的四肢而一步步成为成功人士的？

每一个成功人士都有自己独特的品质，这便是建立在丰富知识基础上的一颗强大的内心。丰富的知识加上强大的心理，他们所向披靡。

内心强大、知识渊博的人只需要一个平台。有了平台，自然就有了上台表演的人，有人表演自然就会有人观看，有人观看当然要有人买单。这样，成功人士无需自己上台，便能够得到收入。

知识需要积累，积累知识的最有效方法是学习。现在的世界什么都可以外包，唯独学习不可以。因此，获取知识的途径不能靠金钱购买，只能投入时间和精力。

总之，知识是一个人心理强大的重要资源。换句话说，只有掌握了知识又善于应用知识者，才能赢得别人的尊重和信赖，才能成为别人心目中的真正领袖。

但是，还需要注意的是，不要做知识的傻瓜，知识是毒药也是补药，关键在于怎么利用。有的人学富五车，却仍旧非常贫穷；有的人穷其一生所学，最后也只成为一个满腹经纶的傻瓜。

知识，最主要的是学以致用，学然后用，才能起到最大的作用。

强大的内心需要一些"不确定"

对未知世界寻求确定性，是人的潜意识层面的一种内驱力。然而，现实中并没有什么必然的东西存在。人生充满了偶然性。如果我们感觉到对自己的命运无法把握，对周围的世界无法把握，我们的软弱马上会暴露出来。特别是在现代快节奏的生活中，"快节奏"支配着我们的生活，一切坚固的东西都烟消云散，我们的心理常常处于风雨飘摇之中。

在快节奏的生活中，人生处处都存在着"不确定性"，早起上班，不能百分百地确定能够顺利到达公司；乘坐飞机，不能百分百地确定飞机不会掉下来；结婚时，不能确定两个人能够白头偕老；生孩子，也不能确定这孩子将来能够健康成长……

面对生活中种种的不确定，我们该何去何从？

我们要心理强大，去承受、消除这些不确定性。我们要早起上班、坐飞机、结婚、生孩子，因为我们知道，我们应该承受这些不确定性。

从厚黑学的角度来论述。李宗吾说："君子担心自己脸不'厚'，害怕自己心不'黑'"。从某种意义上来说，"黑"与"厚"是社会对人的基本素质要求。"人在江湖漂，怎能不挨刀。"如果不确定会不会"挨刀"，就放弃在社会上漂，这种人就无法在社会上立足，更不要谈改变现实命运。

无法承受不确定性的人是无比软弱的，这是厚黑学的一层含义。"厚"就是承受不确定性，不动声色，重在以静制动，伺机前进；"黑"就是到了可以攻击的时候，立即行动，如猛虎下山，不要畏首畏尾。

只有敢于承受不确定性，才能等来相应的机遇。不错过机遇，就等于成功了一半。

要实现心理强大，一定要敢于承受一些不确定性。

上个世纪八十年代中期，28岁的钟虹光看好当时日薄西山的江中制药厂，认为依靠管理，完全可以实现盈利三十万元的目标。于是钟虹光承受着这种不确定性，受命于江中制药厂。当时的江中制药厂是一个厂房破烂，资金微薄，账上仅存800元钱的衰败企业。

上任之后，他大刀阔斧地进行改革，首先抛掉一贯制的老产品，贷款开发了儿童营养饮料。结果一炮打响，市场供不应求。1985年利税就达230万元。

不久之后，他得知中国科学院生物物理研究所正在研制从蚯蚓体内提取一种蛋白酶,治疗血栓性疾病的特效药"博洛克"。了解到这一科研信息以后,他便不远万里赶到北京,在科研尚未获得成功的情况下,冒着风险毅然拿出35万元资金与这个研究所共同合作开发。为开发这一国家级高新产品的新药,5年来,他先后共投资200多万元。如今该药已获得卫生部门的批准,由江中制药厂独家生产,投入市场即受到欢迎。

从创业开始,钟虹光就在自己的名片背面赫然印上"敢于不确定,才能够确定",并一直努力奋斗。钟虹光正是遵循着这一宗旨而付诸行动的。

人的心理结构是与现实环境紧密地联系在一起的,社会环境变化,人的心理就会相应地发生变化。社会环境如果错综复杂,千变万化,充满不确定性,你的内心同样会因为环境的变化充满不确定性,心理就会充满混乱、无序。

社会环境错综复杂、千变万化,充满不确定性,如果你的心理弱小,无法承受任何的不确定性,你就经受不起任何的打击。

来说一个事例。

去年的时候,我请了一个装修公司修整厨房,公司派出五个装修工到我的家里。

下班后,我早早地赶回家里,查看装修工程进行得怎么样了。

一个装修工正站在梯子上面,装修屋顶。

出于好意,我提醒了他一下:"你注意安全,这么高,很容易掉下来的。"

接着，我进到了屋里。

两分钟之后，我听到传来几个人的惊呼声，赶紧跑出来，看到刚刚那个在装修屋顶的人摔了下来。匆忙地检查了一下，还好不严重，只是磕破了膝盖。

我似乎找到了理由，说："刚刚告诉你注意安全。这么高，很容易掉下来的。为什么这么不小心呢？"

这位摔伤的工人揉揉膝盖，说："如果刚刚你不提醒我，我根本不会掉下来。你说很容易掉下来，我就一直在想千万不能摔下去，千万不能摔下去，结果还是摔下来了。"

他反倒把责任推到了我身上。责任在我身上吗？

讲到这里，插一句话，如果一个人无法承受任何的不确定性，心思就会无法专注于事情本身，出现患得患失的现象。

看到这里，你或许已经知道装修工人摔下来的原因了。

在这个过程中，我提醒他注意安全，这么高，是很容易掉下来的。他接收到我传递出去的信号，在心中形成一种患得患失的不确定性，没有专注自己从事的工作，而是考虑这件事的不确定性，患得患失，结果掉了下来。

我在不合适的时间说了不合适的话，而他的心理发生了变化，最终导致了这件事的发生。

众多的社会不确定性，让人们的内心时刻承受着不确定性的无情打击。他被一个他曾经依附着的确定性秩序剥离出来，抛入一个充满不确定因素的环境中。潜意识中，他无法把握最简单的安全性，

第六章 消除内心对事物追逐的确定性

失去了最基本的安全性，就像一片寒风中的树叶，随时都可能被吹落。

面对众多的社会不确定性，我们需要一颗强大的心脏去对抗、消除社会不确定性对人的消极影响。

众多的不确定性，有些我们无法把握，但有些我们可以把握，我们可以在强大的心理基础上，去消除一些不确定性对心理造成的负面影响。

首先，要理性看待一些不确定性。首先需要澄清一下，我们讲用理性看待不确定性，不确定性本身无法对抗，因为它是客观存在的。我们是防止和阻止它进入我们的心理结构，防止它在我们的心里产生消极和负面影响。根据唯心主义观点，意识决定物质的观点，我们看不到即表示它不存在，以此消除不确定性对我们的威胁。

比如，公共场合的一些基础设施由于技术性原因，屡次出现问题。你出现在公共场合，使用这些基础设施，为了消除不确定性对心理的影响，你可以说："我没有看到，它不会发生危险。"以此消除不确定性对心理的影响。

其次，采取"冷眼旁观"的态度，暂时让自己跳出这个纷扰的世界，冷眼旁观。因为我们毕竟要生活在这个世界上，没有必要搞得那么极端和夸张，凭借一些深刻的哲理我们就可以改变自己。

因此，当不确定性来袭时，当我们出现迷茫、郁闷、彷徨这些消极情绪时，学会冷静下来，看穿它们的各种虚妄，保持强大的心理定力。

如何克服"不确定性"

当生活中的不确定性围绕在我们身边时,当空虚、迷茫等消极情绪涌上我们心头时,当我们面对各种艰难的抉择时,我们要训练自己静静地看着这些非常规的现象和情绪。一方面,看穿它们的各种虚妄;另一方面,保持强大的心理定力。

我们的心理弱小,从生理的机能来说,当我们受到来自外界的强烈刺激时,我们的思考不能瞬间启动。比如面对不确定性,我们的思维没有瞬间启动,丧失了防御能力,任由外界刺激进入我们的心理结构。在这些外界的刺激下,消极情绪在我们的心里得以形成,像污水一样,把我们的内心结构弄得混沌不堪。

根据美国心理学家梅奥的发现,外界刺激下的情绪带有强大的心理能量,一般表现为巨大的促进性能量。比如,我们内心世界的欲望、追求以及志向,会表现出心理能量,促进我们通过种种行动去实现。但情绪积聚能量的地方,恰恰是我们的身体,它一旦产生,就会携带着心理能量支配我们的心理结构、智力结构,以及手脚等各个器官。

因此,当你的心理能量没有被激起时,情绪就会消失。或者,在你被外界刺激有了情绪的情况下,只要你的心理能量能够得到控制或者转移,情绪就会消失。在这两种情况下,置你于心理弱小的不确定性都被驯服了。

第六章 消除内心对事物追逐的确定性

知道了心理弱小的原理之后,我们应该采取正确的措施,去修补心理弱小的漏洞。

首先,要学会冷静。一旦不确定的情形出现时,在内心要告诫自己,一定要冷静。这是保持心理强大的前提,这是在提醒自己关闭心理结构的大门,阻止自己将情绪发展到那种焦虑恐惧和自我软弱无力的程度。

其次,建立命运感。人世间的很多事情是说不清道不明的,想把任何事情都弄明白是非常累的。同时,人的精力有限,不可能弄明白所有的事情。与其这样,不如在遇到一些难以理解的事情时,将它归咎为命运。我们不是迷信,但不得不承认"运气"是客观存在的。如你喜欢购买彩票,能不能中奖,完全是运气使然。你还是你,对彩票的选号没有什么失误。但如果有一天,你胡乱选了几个号码,这几个号码却成为头等奖,你非常幸运。但如果你每一期都会购买彩票,而且花钱不菲,但从来没有中过一次奖,甚至你选择的号码,都被中奖号码绕过,你能怨谁呢?再比如打牌,抓上来的牌就是你的"命",出牌过程中遇到的各种情况就是你的"运",你所能做的就是把手上的牌尽可能地发挥出来,抱怨无益。人应该有点命运感,就像漂流瓶一样,扔到大海里之后,漂向哪里由风浪决定。

再次,做好最坏的打算。遇到不确定的情形时,在心理上做好接受最坏结果的准备。不能总是对好结果充满期待,而蒙着眼睛不愿意对坏结果认真考虑。应该充分地想象一下最坏的局面是什么样的,如何应对,并告诉自己:"退一万步讲,真的没成,那又如何呢?人生是一场马拉松比赛，不必计较一时的成败。"只要能够接受最坏结果，当下便心安。阿Q式的自我心理麻醉也是必要的。比如"就算某公司不要我，又如何呢？他们公司那么累，不去也挺好"。做最坏的打算，是要建立心理防卫的底线，不至于措不及防地受到打击。但切不可成天把事情往坏处想，弄得自己成天悲观愁苦，郁郁寡欢。

第四，专注地做能够确定的事。不管你能不能在公司的经理竞选上获得成功，你都必须先把手头的工作做好，这是确定无疑的，抓紧时间去做能够确定的当前事务，可以缓解你紧绷的神经，不去为未来的事情担心。

第五，分而治之，能确定的因素先确定下来。比如寻找伴侣，这是人生的转折点，涉及的问题很多，对方性格、家庭背景等等因素都需要考虑。没有绝对完美的选择，尤其是在当前的社会形势下，没有必要刻意求之。多个选择标准，不能一成不变，也不能随时变化，早晨一个标准，晚上又一个标准，看到一个女士就忘记了原则，到头来肯定心乱如麻。其实，信仰和理想是定海神针，不过在信仰大面积迷失的今天，暂且放一放这个过于深刻的命题吧。

第六，耐心。以上几条再怎么做，只能减少自己内心的不安，不可能完全消除，尤其是面对重要关口。人非圣贤，关心自己的利益，担心他人的褒贬，夜深人寂，忧从中来，都是难免的。

其中，最重要的一条就是保持冷静，在任何不确定性的情况下，调整自己的认识和期望，使之逐渐与现实相符，你的能力也会不断增长，耐心，再耐心一些。耐心地做量的积累，静静地等待质变的到来。

我们说一件事情不确定，往往就意味着完成这件事困难比较大，不确定因素比较多，而保险系数比较小。因此，人们一般不愿接触不确定性的事情。可是成功的人往往喜欢这种不确定，因为他们知道：不确定性就如一个险滩，渡过了这个险滩，就会风平浪静，就是胜利的喜悦。

谁不希望牢牢地掌控人生，但太确定了，生活会如一潭死水，同样会让人窒息。随着生命老去，不确定性自然减少，直至为零。但又有谁喜欢垂垂老矣的生活呢？很多不确定性，是由于我们向人生发起更高的挑战而带来的，是我们生命活力的体现，我们还有机会选择，希望之火还在熊熊燃烧。

在当前这个多变的社会，价值观越来越乱。这个社会增加了人们的压力，但也提供了空前的机遇，建立在强大内心的基础上，我们要做到"不管风吹浪打，胜似闲庭信步"，豪迈地走向未知的明天。

适当的锻炼能让内心强大

现代很多人的生活规律是这样的：早晨不吃早餐，中午一般用半小时简单对付一下，晚上则餐饮丰富，应酬到很晚。这样不规律的生活，会给身体造成很大的伤害。

摘选一篇来自健康方面的报道：

2011年7月，在全国心理健康指导与教育科普工作研讨会上，有关专家介绍说，中国"亚健康"人群比例已达70%，在北京，每20分钟就有1人死于心脑血管病；在上海，85%左右的白领一族有头痛、血压不稳定等症状；在广州，有80%的成年人体育活动量不足以增加健康。据世界卫生组织预测，到2015年，这种透支健康的生活方式将成为人类的头号杀手。

这是当前社会竞争的日益激烈和生活压力的加大对人类健康产生的影响。

社会竞争的日益激烈和压力的增大，会使许多人产生悲观、失望的情绪，进而导致忧郁、孤独、焦虑等各种心理障碍，让人们变得忧心忡忡。

保持强大的心理状态，正确对待生活中的不确定性，充分发挥自己的潜能，对一个人的一生来说，是十分重要的。但如何保持强大的心理状态呢？

一系列心理学方面的考察说明，身体活动是强大个体的情绪状态、促进身心健康的重要手段之一。

人们经常参加体育锻炼，生理技能、身体素质将会得到改善，由此，个体会以自我锻炼反馈的方式传递其成就信息给大脑，从而获得自我成就的认知和情感体验，产生愉快、振奋和幸福感。因此，适宜的体育锻炼能使有心理障碍的个体获得心理满足，产生积极的成就感，从而增强自信心，摆脱压抑、悲观等消极情绪，并消除心理障碍。

（一）体育锻炼有助于发展智力

智力是一个人保持正常工作、生活的基础条件。如果一个人经常参加体育锻炼，就可以使个体的注意力、记忆力、观察力、思维力和想象力等能力得到充分发展，提高活动效率，还可以使人获得良好的情绪，如乐观、自信、振奋、精力充沛等，从而对人的智力功能起到促进作用。

经过研究发现，人在进行体育锻炼的过程中，一方面，能有效地促进血液循环，增强心、肺功能，使大脑获取更多的氧气，给大脑的记忆和思维能力提供必要的物质保障，提高脑力劳动的效率。另一方面，进行体育活动不仅能使神经系统的兴奋和抑制过程更加有效，使其对各种刺激的反应更加迅速、准确，为智力的发展奠定物质基础，而且还可以提高人的视觉、听觉、本体感觉、神经传导速度、神经过程的均衡性和灵活性，促进神经系统功能的增强。

在一般情况下，人们在面对外界不确定的情形的过程中，大脑皮层的相关区域处于高度兴奋状态，但随着外界不确定性的时间的延长，人会产生一定的疲劳感，大脑灵活度下降，神经系统对大脑皮层的刺激度下降，导致处事效率下降。但是，如果能够进行一定量的体育活动，则有助于大脑皮层的相关区域形成兴奋与抑制合理交替的机制，降低疲劳感，提高大脑的灵活度，提高处事的效率。此外，个体体质的增强，身体机能水平的提高，有助于充分地挖掘与开发一个人的潜力。

（二）体育锻炼有助于获得良好的情绪体验

个体的情绪状态的调控能力是衡量体育锻炼对心理健康影响的主要的指标。当一个人在复杂多变的社会环境中,面对种种的不确定性,常常会产生紧张、压抑、忧虑等不良的情绪反应,体育锻炼可以使个体从烦恼和痛苦中摆脱出来,降低应激水平,使处理应激情境的能力增强。生物学家麦克曼教授经过研究发现,经常参加身体锻炼者的状态焦虑、抑郁、紧张和心理紊乱等消极的心理变量水平明显低于不参加身体锻炼者,而愉快等积极的心理变量水平则明显要高于不参加身体锻炼者。

麦克曼教授研究发现,体育锻炼之所以能够调节情绪,是因为体育锻炼的参与者能体验到运动带来的愉快感觉。他认为,适度负荷的体育锻炼能够促进人体释放一种多肽物质——内啡肽,它能使人们获得愉快、兴奋的情绪体验。因此,参加体育锻炼,尤其是参加那些自己喜爱和擅长的体育锻炼,可以使人从中得到乐趣,振奋精神,从而产生良好的情绪状态。

(三)体育锻炼使自我概念更为清晰

自我概念是个体主观上对自己的身体、思想和情感等的整体评价,它是由许许多多的自我认识所组成的,例如我是什么人、我主张什么、我喜欢什么、我不喜欢什么等等,包括社会方面的自我概念和身体方面的自我概念等。其中,身体方面的自我概念包括身体表象和身体自尊。身体表象是指头脑中形成的身体图像。身体自尊则主要包括一个人对自己运动能力的评价、对自己身体外貌(吸引力)的评价以及对自己身体的抵抗能力和健康状况的评价。

身体表象和自我意念障碍在正常人群中是普遍存在的。英国剑桥大学心理学教授法林顿经过对 300 名剑桥大学学生的研究发现，54% 的被研究者对他们的体重不甚满意。与男性相比，女性倾向于高估身高和低估体重，而且，身体肥胖的个体更可能有身体表象和自我意念方面的障碍。身体表象和自我意念与整体自我概念有关，无论是男性还是女性，对身体表象的不满意会使其自我意念变低，并产生不安全感和抑郁症状。

体育锻炼可使体格强壮、精力充沛，因而，体育锻炼对于改善人的身体表象和身体意念至关重要。法林顿的研究表明：锻炼者比非锻炼者具有更积极的总体自我概念；体能强的人比体能弱的人倾向于具有更高水平的自我概念和更高的身体概念；肌肉力量与身体自尊、情绪稳定性、外向性格和自信心呈正相关，并且加强力量训练会使个体的自我概念显著增强。因此，更积极的自尊心，更高水平的身体概念和自我概念与高水平的体能状况相关。

（四）体育锻炼有助于良好的意志品质的形成

一个人的内心强大与意志品质有着紧密的联系。意志品质指一个人的自觉性、果断性、坚韧性和自制力，以及勇敢顽强和独立主动的精神，是一个人行为特点的稳定因素的总和。意志品质需要在克服困难的实践过程中培养。体育锻炼本身就要不断克服困难，如气候条件的变化、动作难度或外部障碍等，以及主观困难，如胆怯和畏惧心理、疲劳和运动损伤等，才能取得成功。体育锻炼的参与者要努力克服主、客观两方面的困难，培养自身良好的意志品质。

任务越困难，对个体的意志锻炼的作用越大，而良好的意志品质对于人的活动，尤其是体育锻炼的效果具有重要的意义。

美国的一项调查显示，进入福布斯富翁排行的成功人士，91.7%的人在年轻时都是体育运动项目高手。罗布森·沃尔顿在大学时期，是校篮球队的主力后卫，杰夫·贝索斯在大学时期是橄榄球主力球员，米歇尔·费雷罗大学时期是校篮球队的中锋，差点进入NBA，迈克尔·布隆伯格则是著名的皮划艇运动员。因为体育锻炼，他们具备了强大的心理素质，为后来成为商界名人打下了生理基础。

体育锻炼是强大心理素质的有效手段之一。60%的心理医生认为，应将体育活动作为一个治疗手段来消除焦虑症。临床研究表明，通过参加一些如慢跑、散步、徒手操等身体锻炼，能有效地减轻焦虑和抑郁症状，增强自信。除此之外，有关体育锻炼的心理治疗效应还反映在对精神分裂症、酒精和滥用药物、体表体型症状的研究等方面。

《黄帝内经》里说，人的心脏就像人体内的太阳，至阳至热，具有无穷的能量，供给体内脏腑气血及四肢百骸运行。就像太阳需要经常发光、不能总被乌云遮蔽一样，心也要通过运动进行锻炼，使其发光发热，照耀全身。

在当前快节奏的社会生活中，跑步是一项最适合的运动，可快可慢，可激烈可缓和，但都能活跃心肺，增强心脏跳动，增加呼吸吐纳，加速血液循环，促进脏腑代谢，锻炼肌肉和腿部弹力。可以说，通过跑步来强化心理素质是一个很好的途径，简单而易行。

第七章

克服内心的恐惧

克服恐惧强化心理素质

乌克兰通讯巨头韦特·皮克尔是有名的富翁,他有一个很大的缺陷,不能闻鱼腥味。原因是,贫寒时代的他,曾经在一个鱼行工作了很长一段时间,每天替人卖鱼、送鱼、加工鱼,每天都把自己弄得浑身鱼腥味;加上他不注意个人卫生,家里、路人都躲着他,只有猫喜欢接近他。

后来,经过努力的打拼,他成为通讯业巨头。

每次当他闻到鱼腥味时,就会想起自己的贫寒时代和鱼腥味给他带来的羞辱。每个人的心里都有一块伤疤,只要被触碰就会暴跳如雷!作为富豪亦是如此。

因此,他绝不让家里买生鱼,也绝不到卖鱼的地方去,甚至终身回避鱼这种动物。

看了这个事例,不知道你会作何感想?

韦特·皮克尔的行为是一种典型的恐惧心理。

恐惧,是一种人类及生物所具备的心理活动状态,是情绪的一种。

恐惧是因为周围有不可预料，不可确定的因素而导致的无所适从的心理或生理的一种强烈反应，是只有人与生物才有的一种特有现象。

从心理学的角度来讲，恐惧是一种企图摆脱、逃避某种情景而又无能为力的情绪体验，其本质是生理组织剧烈收缩。正常情况下，是收缩伸展成对交替运行，组织密度急剧增大，能量急剧释放的现象，其根本目标是生理现象消失，即死亡。

在生物学上，死亡是一种正常的生物学规律，生命本身就是一个从生到死的过程。在这一点上，无论你是高高在上的权力者还是基层的老百姓，无论你是穷奢极欲的亿万富豪还是一无所有的乞丐，在死亡这点上没有任何区别。在这一点上，大家是平等的，谁都没有凌驾于死亡之上的特权，死亡是绝对的平等主义。

在死亡面前，不同的人只是时间上的长短不同而已。比如，一个新出生的小生命，由于意外事故夭折，很不幸，他从出生到死亡的时间距离很短。同样，一个人由于生活方法比较科学，活到120岁，到最后自然死亡，他从出生到死亡的时间距离很长。

但对于有思维和精神的人来说，死亡却是一个很恐惧的问题。这不是死亡的过程让人恐惧，而是死亡这件事让人恐惧，它代表了绝对的虚无和沉寂。它是对一切可能性的终结，是不可穿透、不可理解、不可把握的黑暗。

死亡这件事充满不确定性，让人随时都可以想象它的降临。正因为如此，死亡恐惧成了人们一切恐惧情绪的源头，像影子一样在我们的精神中挥之不去。它是潜伏在我们身边的猎手，在死亡面前，我们像陷阱中的猎物一样，随时都可能有猎人出现，猎人的出现也就是死亡的前兆。

因此，死亡恐惧实际上扩散到我们生活的诸多领域中。比如，一个孩子被一只以前对他友好的小狗咬了，非常痛苦。他很可能体验到恐惧，并一直会对狗感觉到恐惧。他会非常害怕和狗接触，甚至害怕看到狗。

从人类的生理角度来分析，科学家通过研究，发现了引起恐惧的基因，这种基因控制着大脑中一个与恐惧反应有关的区域的蛋白质分泌。这种基因名为癌蛋白 18，高度集中于大脑中产生恐惧和焦虑的区域杏仁体。

研究人员报告说，他们通过对老鼠的基因进行了处理，让它们无法分泌癌蛋白 18 这种物质，结果他们发现这些老鼠就不能在面对恐惧时做出条件反射。

我们无法从生理的角度去克服死亡恐惧，只能通过我们能够实现的方式去克服这种死亡恐惧。

在日常生活中，一个人在面临死亡时的恐惧程度，决定了他内心强弱的程度。简单来说，一个人越怕死，感情就会更加非理性。他越怕死，心理就会越弱小。当然，不怕死并不意味着一个人心理强大。但只要不怕死，他在心理上才真正不可战胜。

举一个例子来说。

一个导致死亡百万人的天灾，让任何人都感觉到恐惧，但同时，你的牙齿也开始疼痛。如果牙齿的疼痛是可控的，在面对死亡百万人的天灾面前,你更恐惧哪一个?

一个人重视牙痛的程度远远超过死亡百万人的天灾。因为他关心的是发生在自己身上的事情,自己的牙痛问题才是真正让他恐惧的。死亡百万人的天灾即便是与他有关系,至少目前他还活着。

人对这个世界上的万事万物都充满着好奇,任何事情都想亲自参与、亲自尝试。但是,即使最疯狂的人,在面临死亡时,也不敢去体验死亡的滋味,因为它代表了最难忍受的精神痛苦,而且死亡恐惧带来的这种精神上的痛苦是不可逆的,一旦死了,就活不过来了。

当一个人处于绝望、极度抑郁的痛苦时,可能会想到用死亡去解决这种痛苦。因为绝望、极度抑郁带给人的是精神层面上的痛苦,死亡变成了一种解脱,一种精神上的解脱。

但当真正面临死亡时,则很难真正地实施,因为死亡过程的痛苦,比他要解脱的痛苦更可怕。这也是为什么有很多人在消极的情绪中,会想到死亡,却很少有人去用死亡解脱。而这些会想到用死亡去解脱痛苦的人,正是心理不够强大的人。

当然,如果仅仅是恐惧死亡带来的精神层面的痛苦,也就不那么可怕了。因为一个人快要死亡时,恐惧感一下子就消失了。尽管平时恐惧死亡,恐惧死亡干扰自己的生活。但问题就恰恰出现在这里,当一个人知道自己快要死亡时,内心的不确定性就消失了。也就是说,死亡已经是确定无疑的,内心的不确定性完全不存在了。

但现实中,人并不是先知,并不知道什么时候死,那死亡的恐惧感就变成了对死亡本身和不确定性的双重恐惧,由此弥漫在一个人的日常生活中，特别是看到或者听到一些死亡的现象时，死亡恐惧更给人以强烈的刺激。

克服死亡带来的精神层面的恐惧，就需要通过精神层面的努力去化解这种恐惧。内心强大就成为化解死亡恐惧的重要方法。

敢于直视面临的恐惧

甘波修道院院长佩玛·丘卓的作品《当生命陷落时：与逆境共处的智慧》中，有这样一段话：

恐惧是一种普遍性的经验。即使是最小的昆虫都会感到恐惧。譬如我们跑去海边弄潮玩水，看到海葵，用手一摸它，它立刻缩起来。每一种生物一有恐惧都会自动收缩。一面对未知就感到恐惧并不是什么可怕的事，那是活着的一部分，所有生命共有的一部分。我们一感觉有孤独的可能、死亡的可能，感觉没有东西可以让我们抓住，内心就会产生恐惧反应。接近真相，自然也会感到恐惧。碰到任何经验，如果我们努力安住在经验中而不逃避，经验就会变得非常强烈。没有地方可以逃避时，事情会变得非常清楚……事实上，一旦站在未知的边缘，完全意识到当下，却又没有任何寄托，这时每个人都会觉得双脚落空。然而就在这个时刻，我们的理解会深化，会发现当下是非常脆弱的一刻。这一刻实在令人焦躁不安却又完全温柔。

我们刚开始探索时,总是怀抱着许多理想和期待,总想寻找答案来满足我们长久的饥渴,却一点也不想认识心中的妖魔鬼怪……我们现在所说的是了解恐惧、熟悉恐惧、直视恐惧,这并不是说要将其视为解决问题的方法,而是要完全去除我们以往看、听、闻、尝及思考事情的方式。真相是,我们只要一开始这样做就会越来越谦卑,因为执著于理想而产生的傲慢,已没有存在的余地。只要勇于向前迈进一点,随着理想必然生起的傲慢就会被照见。修行中种种发现与死去的勇气有关,和不断死去的勇气有关……

这段话鼓舞了很多人。

恐惧属于生命的一部分,总会以不同的面貌出现在我们的生活中,从出生直至死亡。

人类所依赖的心,终将一死的认知,都反映在其中。要克服恐惧,我们只能通过强大我们的心,以心激发出来的能量,成为对抗恐惧的力量,比如勇气、信任、知识、权力、希望、屈从、信仰以及爱。这些积极向上的情绪可以帮助我们接纳恐惧,分析研究恐惧,以百折不挠的精神与恐惧奋战。

然而,人不可能完全摆脱恐惧,因此,那些抗恐惧的力量不能释放我们心中的恐惧。

恐惧是我们生命中的不速之客,时时刻刻侵袭着我们的心,每当内心或外在环境起了一点儿波澜,它就迅即渗透到我们的意识中。

通常我们想赶它出去、避开它时，多少也有一些对付恐惧的技巧或方法：排挤它，使自己麻痹，跳过去或者否认它的存在。然而，恐惧始终潜伏着，如同死神从来没有因为我们不去想就自动隐退一样。

尤其是现代社会，我们生活中的点点滴滴，都埋伏着越来越多的恐惧因子，处处与我们为敌，我们很熟悉心灵被撕裂的感觉——想象一下随时都有可能脱轨的列车，想象一下环境污染会导致什么后果，想一想滥用权力杀害生命的景象……

社会的进步同时也是一种退步，让我们受到越来越多的恐惧的侵袭。

当然，面对恐惧，我们并非毫无办法。

每个人是独立的个体，对恐惧会有不同的反应。比如，有的人非常害怕蛇，哪怕是远远地看见蛇，都会心生恐惧。但有的人却对蛇毫无感觉，认为蛇仅仅是一种动物。这就是由于个体的不同，对同一事物造成的恐惧有不同的体现。

恐惧的形式独一无二，各有特色。知识和见识丰富的人，所体验到的恐惧也与一般人不同，专属于个人的恐惧和生活条件、与生俱来的性情以及环境有很密切的关系，这些涉及我们自幼成长的经历。

生活中，如果我们用理智的态度来观察我们内心的恐惧，可以看出它的双重面孔：如果心生畏惧，激发我们的潜能，让我们变得积极活跃；如果恐惧不已，会磨灭我们的斗志，让我们变得麻痹、瘫痪。

前面说过，人类原本是地球上最弱的生物，如今却控制万物。

第七章 克服内心的恐惧

正是因为弱势激发了人类的斗志。当我们处于危难关头,恐惧往往是一个信号或警告。如果我们能够克服恐惧,结果往往会让我们成长强大。有句话说,让我们恐惧的,毕竟让我们强大;如果避开它,不正面响应,会让我们停滞不前——无法战胜恐惧的人,如同长不大的小孩。

根据我们从婴儿长大到目前的状态,我们知道,在成长的过程中,我们会感到不同程度的恐惧。产生恐惧的原因,是我们并不具备相应的能力去面对陌生的新局面。

生活中,几乎一切等待我们去做、去经历的事情,不管是应该做的,不应该做的;有把握做的,没有把握做的,都充斥着刺激,同时也充满了不确定。

正是在这样的过程中,我们克服了一个个困难,走到了现在。当我们接下来准备迈出另一步时,同样的不确定和恐惧感便又会再次出现。

每一个人在成长的过程中,都包含了克服心中障碍的关卡。一旦我们战胜了恐惧,人生便又往前迈进了一步。

敢于直视恐惧,才能够克服恐惧,也才会进步。

想想我们第一次骑自行车,想想我们第一次上学,想想我们第一次与异性邂逅,想想我们第一次接触性……第一次的尝试的经验,都夹杂着恐惧的色彩。

我们能够克服这些恐惧的前提,是因为我们当初敢于直视这些恐惧。

这些恐惧都与我们的身体、心灵或社会经历息息相关,是人生必经之路,踏出去的步子都跨越某一个界限,我们被要求脱离熟悉、亲密的环境,壮起胆子探险。

恐惧的情形有很多,细细回忆起来,每一样东西都有人害怕:有人想出名,有人却害怕出名;有人喜欢挑战,有人却害怕挑战;有人喜欢与人沟通,有人却害怕与人沟通……众多的恐惧情形,都是人们心理的极端的变体、扭曲,或者转移的结果。

要克服这些恐惧,我们只需要把心态上升到理智的层面,用理智正确地分析恐惧,进而克服恐惧。

认清自我才能正确地克服内心恐惧

古埃及神话中,有这样一个故事:

无子的特拜国王拉伊俄斯曾经诱拐了皮萨国王佩洛普斯的小儿子克律西波斯,导致他自杀。佩洛普斯向主神宙斯祈祷降祸于拉伊俄斯。当拉伊俄斯祈求神恩赐他一个儿子的时候,神一边答应了他的请求,一边预言他的儿子将杀父娶母。为了逃避神谕的实现,拉伊俄斯夫妇一等儿子降生即钉住他的双足,派一位仆人把他扔进山谷。但心地善良的仆人却将俄狄浦斯送给了科任斯国的牧羊人,以

第七章 克服内心的恐惧

至于俄狄浦斯被无子的科任斯国王波吕玻斯收养。

逐渐长大了的俄狄浦斯在一次宴会中偶然闻知自己非科任斯国王亲生子,便去求问神谕,得知自己命将弑父娶母。为避厄运,他离开了科任斯,来到了特拜边境。在一个三岔路口,为争夺道路,他与一个老人争执起来,一怒之下,失手用手杖打死了这个老人。俄狄浦斯不知道,这老人就是要去德尔斐神庙祈求解除斯芬克斯灾难的他的父亲。因为此时,特拜城正遭受狮身人面鸟翼怪兽——斯芬克斯的灾难。

希腊神话中是"神人同形"的,斯芬克斯是狮身人首的女妖,长得很美,曾受过文艺女神缪斯的教养,很有学问。当她出现在特拜城时,就成了那里的一个大害。她盘踞山口要道,每当遇见过路人,就用"早上四只脚,中午两只脚,晚上三只脚"的谜叫人猜,猜不出者即被她吃掉。特拜城国王又被一过路人所杀,王国政府不得不以美丽的王后伊俄卡斯忒的婚约为赏昭示天下:谁杀死斯芬克斯就当国王并取王后为妻。揭榜者就是俄狄浦斯,他揭了谜底是人,这使斯芬克斯又羞又恼并跳崖自杀。

俄狄浦斯被特拜民众拥戴为新国王,并娶王后为妻。经过一番追查,俄狄浦斯终于发现自己正是杀害自己亲生父亲的凶手。而"杀父娶母"的神谕也已经得以彻底实现。

王后羞愤自尽,俄狄浦斯刺瞎双眼,自我放逐。

如今,很多人已经知道俄狄浦斯对"斯芬克斯之谜"的答案,实际上并不十分困难的解答。可就是这样的一个"谜底",却难倒了特拜城的所有人。这又是为什么呢？

其实，道理很简单，秘密就在"斯芬克斯"本身，他一半是天使，一半是野兽，天使与野兽的化身正是"现实社会"的一个形象比喻：现实社会中充满了诱惑——色、权、钱、名等等；恐吓或恐怖——生、老、病、死等等。没有特殊的天赋和才能，不认识自己的使命，一般人是很难战胜它的。这就是几乎所有的人在那个谜题前失去生命的根源。

半人半兽作为"现实社会"的化身，对个体的人发起"诱惑"与"恐吓"这双重挑战。一个理智的人，应该能够清楚地认识到半人半兽的斯芬克斯的形象并不全是负面的、消极的，相反，它有其非常正面的、积极的一面。因为，它的存在本身，构成了个体的一个突破口。正是由于它的存在，对其发起挑战的世俗个体的人生才会是具体的、丰满的、有血有肉的、有价值和有意义的。——一个真正地认识了自己的人，他会向一次次阻碍自己前进的"斯芬克斯"献上自己最由衷的敬意。

无疑，天生高傲的俄狄浦斯，能够战胜诱惑，却没能战胜内心的恐惧，根源在于他不敢正视自己，正是他一手导演了他自己的悲剧。

俄狄浦斯命运的根源在于他没有真正地认识自己。这个故事告诉我们，一个人只有认识了自己，才能战胜诱惑和恐惧。

一个人只有认识自己，才能够知道自己恐惧什么，只有知道恐惧什么，知道心理弱小的关键所在，才能找出正确的方法去克服弱点，强大自己的心理。

比如，你不恐惧各种技术性的难题，而公司的同事对这些技术性的问题却尤其恐惧。可以说，这是你的强项。然而，你却恐惧人际沟通，你的同事却非常擅长。

这样，就等于你与同事恐惧的并不相同。然而，如果你不够了解自己，看到同事纷纷恐惧技术性问题。你不了解自己，不知道自己恐惧什么，看到同事在想尽办法克服恐惧的事情，如果你效仿你的同事，对你而言，没有任何好处。

这就是你不了解自己，不能认清自己的弊端。

杰克·韦尔奇是全球最杰出的经理人，他的成功有个很重要的因素：在遇到不如意的情况下，他不会去改变自己，而是通过改变环境让自己的才能得以完全发挥。

这一点是他不同于其他人的关键所在。因为对大多数人来说，遇到这种情况，会觉得沮丧，进而对自己的能力产生怀疑，最终采取相应的措施去改变自己。因为不了解自己，所以忽略改变周围的环境，而去改变自己。

在面对不如意的环境下，为什么信任自己的能力如此困难呢？

简单地说，那是被自己的恐惧感给出卖了。恐惧感通常会夸大自身所谓的不足，给人一种错觉，认为想要成功一定要具备某些原本不具备的素质。

恰恰是因为有这样的心理，很多人就会对学历、背景、工作经验产生某种依赖。如果不具备，就会避免刻意追求，而且选择破罐子破摔，停留在一个能够窝得下自己的地方。

更糟糕的是，因为恐惧，产生的结果往往是你避之不及的。

例如，你追求一位女士，想表白却非常害怕被拒绝。在这种恐惧之下，你就会摆出屈尊俯就的姿态，而这恰恰是为女人所厌恶的；在你恐惧失败的时候，你会因为丧失自信而表现得更加差劲。

要克服这些恐惧心理，你首先需要对自身能力有充分的认识和把握，在认清自我的基础上，做到正确应对，克服心理恐惧，强大自己的心理。

将内心的恐惧具体化

对任何一个个体来说，恐惧都是一个很大的问题。在如今现代化的社会中，人们的恐惧情绪有增无减。以下列举的几种恐惧具有很强的破坏力，必须要去克服。

（一）恐惧自身能力不足

在当前这个快节奏的社会中，发展迅速、竞争激烈的社会，使很多人面临着巨大的压力，很多人努力地打拼，一直梦想有一天能够一展宏图。对成功的期望越来越高，对残酷的社会越来越不留情面，如果你达不到要求，那么其他的竞争对手会立马顶上你的位置。

为此，你试图表现得更好、更优秀，表现得对任何事都很在行。

你设法让自己相信成为一名精英，就要时刻严阵以待，永远做正确的事，并且给人以驾轻就熟的印象。即使做不到，也要最好地伪装自己，以使他人信服。

然而，这样做的结果，带来的麻烦只会越来越多：过分展露自己却忽视了自身的缺点，对自己的能力认识不清。因为弱点将带来威胁，然而，内心的恐惧让你不愿去正视它们，甚至希望它们快些消失。

对自身的不足要有清醒的认识。问题不在于你是否有缺点，而在于缺点为什么存在？思考这样一个问题：我的缺点到底能够给我带来什么，我所擅长的正好能否掩盖我的不足？

（二）恐惧被拒绝

马斯洛的需求层次理论中，每个人都希望得到他人的认可。这种愿望在当今尤其强烈。为此，需要表现的得体、受人欢迎，至少在自己重视和重视自己的人面前要表现出来。

然而，这种愿望有多强烈，随之而来的恐惧感就有多深。如果我不能胜任我的工作，结果将会怎样？如果不受欢迎怎么办？这些问题会变得越来越突出，并对个体的行为产生影响，其思路也会因此发生微妙的变化。

在一般情况下，一个人要考虑的问题是：什么才是我应该表现的？什么才是我不应该表现的？

当你不再根据自身的能力和热情确定行为轨迹和方向，而选择一味地追求得到承认和赢得赞许时，那么你已处于心理崩溃的边缘境地。你费尽心思讨他人欢喜，而丧失了自己的立场，最终，你将与近在眼前的成功机会擦肩而过。也许你赢得了他人的在某些方面赞许，却失去了利用自身才智获得成功的机会。你被虚无的自我带来的恐惧感所左右，而不是让自己的才能把你领向成功。

克服这种恐惧感的最佳途径是大大方方地面对那些你认为会拒绝你的人。

为什么呢？多数情况下，这些人与你有些距离。因为与他们接触不多，你会凭空将一些虚幻的想法加在他们身上。

然而，如果你能够走近那些你认为会拒绝你的人，尽可能地去了解他们。每一次这样做，你的感受都会加深一步：他们也同样是人，没有什么可怕的，脱掉衣服，大家都是动物。

（三）恐惧面对现实

现实的不确定性是很多人都会恐惧的。比如，在遇到一些棘手的问题，有可能威胁到自己的利益时，你必须采取行动。但你该做些什么呢？你已倾尽全力，但看似无法解决的困难还是出现了。这不仅影响到你的自身利益，而且威胁到你自身的判断能力。

这时你需要冷静下来，需要出现转机，需要做一些未曾尝试过的事，顺利的时候你或许从来没有考虑过这些事情，但现在你必须这样做。

侥幸、浮躁的弱小心理是出现这种困境的原因之一。正常情况下，在出现这种现象时，很多人会逐渐放弃自己的判断，而乐于听取周围的人的意见。这实际上是在逃避自己不愿意触及的现实问题。

他们宁愿将问题交给承诺有能力快速、平稳解决问题的与此无关者，而不是深入了解问题的本质，诸如"问题为什么出现？"或"克服这一难题也许需要多年的努力"。

要真正克服这个困难，你必须不断地思考现实中的问题，而不是一厢情愿地一味逃避；勇敢面对复杂的问题，而不是急于求成、期待快速解决方案的出现。如果你认真地考虑一下，你就会明白处理现实面对的困难是任何人都应该面对的。

（四）恐惧改变现状

一个人在现状中最容易消磨斗志，这是因为无法把握未来，对未来的不确定性充满恐惧。

与其他恐惧心理一样，对不确定的未来的恐惧使人们不愿意轻易改变现状，至少不会主动改变现状。对他们来说，虽说目前状况苦不堪言，但未知的将来却可能更加可怕，于是很多人宁愿忍受现在的痛苦而不去做什么改变。

敢于冒险是对付这种恐惧的一剂良药。如果你能够克服对未来的不确定性，可以预见哪些问题是可能要发生的，并根据评估做出相应的决策。这时候，你面临的问题将不再是"变化是否会发生？"而是"变化将在哪里发生？"

真正的困难在于，要面对不确定性的情况随时都有可能出现，并要找出解决的办法。不管你如何拼命地抓着现在，对不确定环境的恐惧都不会有丝毫减少。向不确定的环境努力，未必比待在原处更加不确定。这一举措有时反而会更加安全。

（五）恐惧年龄变老

在当前的社会形势和社会制度下，年龄越大有可能使人变得迂腐，但迂腐绝不是年龄增长的必然产物。年龄只是一些人逃避当今日趋激烈的竞争环境所找的借口而已，仅仅是一种借口。

无论你年龄多大、社会阅历多么丰富，你也必须创造价值才能在这个社会中继续生存下去。

一个人是不是害怕变老，没有一个固定的标准进行鉴别。相当多的人迈入大龄之后，仍能长时间地保持心态健康、进取、充满活力。随着年龄的增长，阅历也将更加丰富。如果你渴望工作、渴望成绩，并希望得到相应的报酬，你是能够做到的。

除了这些之外，对年龄的恐惧也会让很多人内心弱小。这种恐惧感源自于个人，这种恐惧感将会影响你对自身能力的认同和对生命意义的理解。如果这些问题得不到解决，这种恐惧感会随着年龄的继续增长，渗入到你的心智之中去，并最终产生破坏性的后果。

要避免年龄带来的恐惧感，你需要不断学习新知识，这是增强自信心的需要。只要具备足够的知识，你将会在任何领域得到自由。

不惧死亡才能不惧一切

前面已经说过,死亡恐惧的力量是相当强大的。其中,死亡恐惧为什么会有这么大的力量,非常重要的一个原因是,我们内心对死亡的反应,更多的是一种心理反应。

简单来说,我们被人类的本能、情绪所主宰。人类潜意识的表层,是害怕死亡的,这只是一个自己欺骗自己的骗局。在死亡面前,心理结构的力量非常之弱。

古希腊哲学家苏格拉底对死亡是这样定论的:

死亡是世上一种常见的自然现象,是一种形态的转变,从活着到死亡——就像一块面包一样,从香喷喷的物质变成了臭烘烘的物质,仅此而已——人类充当这一工具。

一个人死时毫无知觉,而只是进入无梦的睡眠,那么死亡就真是一种奇妙的收获。我想,如果要某人把他一生中夜晚睡得十分香甜,连梦都不做的一个夜晚挑出来,然后拿来与死亡相比,那么让他们经过考虑后说说看,死亡是否比他今生已经度过的日日夜夜更加美好,更加幸福。好吧,我想哪怕是国王本人,更不要说其他任何人了,也会发现能香甜熟睡的日子和夜晚与其他日子相比是屈指可数的。

如果死亡就是这个样子,如果你们按这种方式看待死亡,那么我要再次说,死后的绵绵岁月只不过是一夜而已。

有一种力量可以战胜死亡恐惧,即人类的理性。

中国的圣人孔子曾经说过:知者不惑,仁者不忧,勇者不惧。

孔子说:聪明人不会迷惑,有仁德的人不会忧愁,勇敢的人不会恐惧。

这主要来自于一个典故:有一次孔子的弟子司马牛请教如何去做一个君子,孔子想了想,回答说:"君子不忧愁,不恐惧"。

司马牛不大明白,接着又问:"不忧愁不恐惧,这样就可以称作君子了吗?"

孔子的回答是:"内省不疚,夫何忧何惧?"

也就是说,如果自己问心无愧,那有什么可以忧愁和恐惧的呢?当然,君子坦荡荡,不仅是一个行为端正的问题,同时也来自于人的内在品德。古人认为,君子有三种基本品德——仁爱、智慧和勇敢。

孔子说:"知者不惑,仁者不忧,勇者不惧",也就是说人如果有着一颗博爱之心,有着丰富的人生智慧,有着勇敢坚强的意志,那么他就必然会具有良好的心理和精神状态,从而心地宽广、胸怀坦荡。

博爱、智慧、勇敢、坚强属于理性的表现,理性不是心理的暗示,不是头脑在心理的影响下想当然的一种行为,更不是一种强行的灌输,而是让人心服口服。

理性是借助理性的思考模式和论证方法,检验得出的。保持理性的人,之所以不畏惧死亡,是因为理性能够支配给心理一种强大的力量,去抵抗恐惧的情绪。

以足球比赛来作为例子论述。足球之精彩在于一攻一守，即如何进攻，如何防守。作为一支球队的主教练，如果你不去进攻，别人就会进攻。你处于防守的一方，会处于被动的地位。反之，如果你主动进攻，对方就会成为防守的一方。或者说，你用进攻去代替自己的防守，这就是在诠释最好的防守就是进攻。用进攻去化解防守的被动，同时自己取得了主动。

死亡恐惧，如果你用理性去对抗它，它给人带来的消极情绪就会得以消除，从而减少死亡恐惧带给人的消极影响。

根据生物学的进化理论，人原本是赤身裸体的，进入文明社会后才披上了一层衣服。在理论上，人可以和社会相抗衡，剥除身上的这层衣服。也就是说，这层衣服仅仅是文明社会的一种象征，并不与文明社会挂钩，衣服也不具有确定的不变性，文明社会与衣服是相对的，易变的。

然而，人作为一个个体，与文明社会相抗衡，毕竟会出现一系列的副作用。抗衡文明社会，结果毕竟是不会乐观的，这是一个具有确定性的残酷的真理。

比如，你已经是而立之年，需要遵守社会赋予而立之年的某种角色，如果你还像几岁的儿童一样的举动，则会受到来自文明社会的排斥。试想，身边出现一个没有皱纹的外婆和一个长着胡子的儿童该是一件多么可怕的事情。

同样，当一个人面临死亡恐惧时，注定要遭受生物属性的主宰，在恐惧之下，他只能改变对生物属性的表达方式和态度，以一种顺着死亡恐惧同时在心理抗衡的方式来对抗死亡恐惧。

用不惧死亡的方式来对抗死亡恐惧的本质,基于一种死前占有多少的社会比较,它是心理竞争在死亡问题上的延续。人们喜欢在日常生活中在社会占有物上进行比较,从而进行身份、地位、优越感、价值感的竞争,竞争的目的是把别人比下去,让自己在心理上占据优势。在死亡的威胁之下,人要克服死亡恐惧,也可以用这一招。既然在死亡上人人都是平等的,那么,如果一个人在生前占有得很多,把别人比了下去,以致别人在生前与他相比根本没有什么价值,那么,即使是死亡,他的心里也能找到基本的安慰。在这个占有更多的心理背景之下,他似乎获得了不惧死亡的勇气。

如果一个人能够将这种方法发挥到极致,无异于战场中李云龙嚎叫的那句"杀一个够本,杀两个老子赚一个!"的魄力。

在日常生活中,这种无所畏惧常常能够整合为一个人对死亡恐惧的疯狂对抗。这种情况下,人们能够意识到,死亡是难以避免的,只有这种无所畏惧才能显得人生有价值,在死亡面前才不留下"遗憾"。

这是一种把死亡合理化的心理防御机制。之所以说它是心理防御机制,是因为对于死亡,人既没有赋予它以神圣色彩,同时也没有对它进行理性的反思。

吼出你的恐惧情绪

压抑自己的恐惧情绪,对心理健康是有害的,这一点许多人都知道。但是,我们生活在文明社会,很多情况下,我们必须要压抑自己的情绪,即便我们明明知道这样做的害处。

以生活中的简单事例来说!

当我们面临一种不确定的情况时,一场关乎一生前程的比赛,竞争非常激烈,我们处于极度的恐惧中。在面对这种恐惧时,似乎只有选择压抑、升华或替代,造成了进一步的抗拒。

这种情况下,久而久之,就会对心理产生一定的害处。

心理学家研究发现,人的情绪会发生叠加的现象。

心理分析大师弗洛伊德用水库的概念去解释人类的恐怖情绪。他说:

当一个水库的水位超过警戒线时,水库就必须作调节性泄洪,否则会危害到水库的安全。倘若此时不但没有泄洪,反而又不断有进水量时,水库就会崩溃。

弗洛伊德认为,每个人的身体里面仿佛都有一座恐惧情绪水库,当恐惧情绪出现时,就会存放在情绪水库之中;如果恐惧情绪水位累积到所谓的警戒线时,一个人就会开始出现脾气暴躁、无法适当控制情绪的情形,因而容易发脾气。如果再一直恶化下去,情绪水库崩溃的结果就是出现心理方面的毛病。

现实中，太多的不确定性让人们时刻处于恐惧的情绪之中。对这种消极情绪如果不能适当地宣泄，可能会积少成多，出现让人意料不到的情况。

因此，要使心理平衡，就是不要让自己的情绪水库累积太多的水量，要想办法将情绪水位降低。

恐惧情绪是人们因某种不确定的事件的发生而造成，基本上是一种主观的状态，同时也会造成情绪水位。既然是主观，就无所谓的对或错可言，所以应该无条件的接纳与包容之。既然造成情绪水位，就必须使之宣泄出去，以免累积在情绪水库之中。

另外，一个人如果积累了太多的恐惧情绪，往往会引起大脑的疲劳，影响大脑功能，时间长了，就会导致神经衰弱等神经功能性疾病。生活中的一些不良习惯，如缺乏运动、工作过度劳累、熬夜、生活缺乏规律等，也会影响大脑功能，诱发神经衰弱或加重病情。

因此，适当地做一些对恐怖情绪的宣泄，对于平衡心理有益而无害。

那么，怎么做才能既做到宣泄恐怖情绪而又不伤害别人呢？

美国历史上的伟大总统罗斯福，是美国历史上唯一连任4届总统的人，任职长达12年。

1933年，罗斯福开始和胡佛竞选美国总统。从竞选一开始，两个人就击出重拳，妄图将对方一下子打垮。

为了拉拢美国共鸣，胡佛气势汹汹，花重金在美国各州宣传，说罗斯福是一个骗子、是一个影帝，擅长利用表演的手段迷惑全体

第七章 克服内心的恐惧

公民；又爆出猛料说罗斯福家族的资产都是通过诈骗、洗黑钱的违法手段得来的，同时对罗斯福进行了人身攻击。

面对扑面而来的批评、谩骂，罗斯福相当气愤，但同时又相当恐惧，担心自己在竞选中输给胡佛，让支持自己的各财团受到损失。为了排解心中的郁闷，罗斯福常常在自己的庭院里大声吼叫。

罗斯福家中的佣人斯坦利回忆说："雇主（罗斯福）那一声声吼叫，干脆果断，从不拖泥带水，直到累了的时候才会停止。这个时候，我知道他开始口渴了，于是我给他端进去一杯新鲜的牛奶。"

罗斯福当时使用的方式就是大声吼叫，吼出自己内心的恐惧。因为心无旁骛，没有负担，罗斯福在与胡佛的竞争中，表现得相当镇定，尤其是面对胡佛的指责，在麦克风面前，微微一笑，说："赫伯特（胡佛），你又来这一招了。"

简单的一句话，让胡佛立刻哑口无言。

这里我要介绍一种非常简单的方法，就是吼叫法，一般人在家里就可以试用。

每次我们爬山的时候，都能够听到很多人站在山顶上大声吼叫。当然，我们自己也会选择大声吼叫，这就是一种排泄情绪的方法。

很多人会觉得这种方法并不新鲜，自己用过，似乎并没有什么收获。问题出在哪儿？缺乏指导，缺乏之前的情绪体验，不带恐惧情绪的空吼是不可能有效果的。

接下来，详细地介绍吼叫方法的过程。

（一）身心全部放松

在面对一些不确定性的情况时，我们会有恐惧的心理。这个时候，我们要保持放松。先做几次深呼吸，具体次数自己定。然后从头部往下，颈部、肩部、双手、胸部、腹部、臀部、大腿最后到双脚，依次放松身体的每一个部位。放松需要的时间因人而异，没有固定的标准。一般而言，两到三分钟，最后让自己的整个身体放松下来。除了深呼吸，放松还有很多别的方法。如果你有更合适自己的放松方法，可以自己选用。

当面临不确定性的时候，我们的身心都处于紧张的状态中。如果能够放松下来，能够令头脑更加冷静。

（二）加以联想

发挥思维，想一件让你情绪非常激动的事情，可以是儿时的一件让你感觉到恐惧的事情，可以是亲身经历过的，也可以是想象中的，最好是悲伤、愤怒甚至让你恐惧的事情，情绪一定要激烈。不要去想那些平淡的事情，否认没有效果。理论说，只要情绪激动，一般都是悲伤、愤怒甚至是恐惧的事情，愉悦的事情少。就好比一个人说谎的时候，双手是无法张开的一样，不然看起来很别扭。

另外，根据心理学专家的发现，人有时会在想到愉悦的事情时吼叫，但在吼过之后，会发现愉快是不真实的，是由其他不愉快的事情伪装而成的。

（三）体验激动的情绪

这是最重要的，甚至比吼叫本身还要重要，但它又是很容易被忽略。很多人吼过之后没有效果，主要原因就是这步没有做好。仔细回想刚刚让你联想到的悲伤、愤怒甚至是让你恐惧的事情,如果这件事闪得太快,控制不住,就把它放慢速度。像看录像一样,利用慢镜头,看清楚每一个细节。看的过程中,尽量加入自己的情绪,直到有情绪体验。

此时你要注意一下自己的生理反应,你可能会心跳加快,感觉到血脉贲张,这个时候,说明你已经入戏。

(四)大声吼叫

带着刚才体验到的情绪,用尽全力,大声地吼出来,越干脆越好,避免拖泥带水,否则很难达到效果。有些人情绪已经冲到嘴边,却又常常不自觉地压下去了。这个时候,你需要冲破它,给自己定目标,先吼叫三声,再吼叫五声,不想吼叫也要逼迫自己吼出来,直到吼到累的时候才停止。

在吼叫的时候,如果你体验到自己是恐惧的情绪,你可能会忍不住哭出来。这个时候,不用克制,想哭就痛痛快快地哭一次,能哭出来是件好事,不会有什么坏处。

吼叫的目的是排泄心理对不确定性的恐惧感,能够减少不确定性对心理造成的压力。

正确的人生让人放下恐惧

美国心理学家保罗·艾克曼曾经说过这样一段话:

万圣节那天,一个人行走在黑暗之中,如果你感觉到四周存在着威胁,这足以证明你的心里充斥着杂质……

这里的"充斥着杂质"就是一种造成一个人有死亡恐惧情绪的物质。符合我们中国人所说的一句俗话,"不做亏心事,不怕鬼敲门。"

美国钢铁大王卡内基,一生几乎很完美,事业有成,婚姻幸福。但其中有一件事,让他一直耿耿于怀,成为他后半生的一块心病,让他身心疲惫,并直接导致了他的死亡。

平炉炼钢法发明之后,卡内基就投资了数百万美元,准备在荷姆斯泰德建新厂房,添设新设备,新设备能比旧设备多产60%的钢。在此之前,280名计件工人曾和卡内基签订三年的劳动合同。最后一年,他们使用新设备工作,多生产60%的钢。这60%的收入,卡内基认为是由于使用了新设备才出现的,不应该全部给工人,他提出一半给工人,一本用来冲抵新设备的花费。

当时卡内基正在为美国政府生产装甲用钢板,期限很紧,还要为芝加哥博览会提供建筑用材。

然而,由于在合同中没有关于这条详细的说明。280名计件工人选出的代表坚决要求拿到60%的全部。卡内基非常愤怒,没有接受这种要挟性的要求。

第七章 克服内心的恐惧

结果矛盾升级,双方发生了纠纷,带头罢工的工人与州政府派出的 8000 名军人发生械斗,甚至出现人员伤亡。最后,有工人被杀,罢工平息。

当时,卡内基的名字一直被人议论,甚至有人将他的名字和魔鬼联系在一起。

卡内基镇压荷姆斯泰德罢工工人一事一直被人诟病。尽管当时他远在苏格兰高地,不在现场。但依然有人指出他在罢工期间,故意滞留国外,遥控工厂,避免承担责任。卡内基则辩解,是自己动不动就让步,他的合伙人不让他回来。

在一次演讲中,卡内基对工人和他们的妻子说:资本、工人、雇主就像一个凳子的三条腿,没有谁先谁后,大家都是不可缺少的。结果掌声四起。

当时,有一个罢工工人很有威望,兼任荷姆斯泰德的镇长。他下令逮捕那些前来保护工厂的私家侦探,这个命令引发了流血冲突。罢工失败后,他被认为是凶手、暴徒、叛逆,被迫逃亡,每一家钢铁公司都不录用他,之后只得到墨西哥的煤矿找活干。事后他说,如果卡内基在场,这些事就不会发生。卡内基让朋友匿名送他钱,他拒绝了。

这些事情让卡内基耿耿于怀。后半生,卡内基一直致力于慈善事业和世界和平。有心理学家分析,卡内基的慈善行为是在为这次镇压罢工工人赎罪,因为这件事像魔鬼一样吞噬着他的内心,让他身心疲惫。终于,1919 年 8 月,84 岁的卡内基在美国雷诺克斯市的别墅中谢世。

越是被社会道德拖累的人，越是恐惧死亡，这不是巧合。一个人与他所在的社会道德相悖而驰，他的所思所想所做将不会超出他所在的社会的道德范畴。他的整个心灵，整个存在就越狭隘。越是这样，对于他的心理来说，所能够容得下的道德空间就会越狭窄。

一个与社会道德想背道而驰的人，是一个切断了过去、现在、未来的时间链条的人，也就是说，是一个拒绝了社会道德的人。在与死亡的角逐过程中，在心理上他比那些感觉自己在思想和心理上活在一个前后延伸的时空结构的人，会更早地失败。

举个例子，一个气球的所能容忍的气体是有一定的限度的，在整个限度之内，不管你如何充气、排气，气球本身都不会有任何变化。然而，如果你的充气超过了气球本身的承受度，即便这只气球没有破裂，也会因为难以承受发生形变，表面会变得像熟透了水果一样，出现皱纹。

人的内心世界同样如此。

当人的心理世界与社会道德背道而驰时，即便当时无所畏惧，也会在后期出现一些常人无法理解的行为，比如疯狂。这种疯狂就是以一种非常态的形式来抗衡内心对死亡的恐惧。

美国总统林肯在自己的日记中记录了这样一段话：

任何内心坚强的人，决不肯在违反社会道德中耗费时间。违反社会道德的结果，比如，结束别人生命，失去自制，其后果是难以让人承担得起的。与其跟社会道德冲突，被它咬一口，倒不如顺着社会道德。否则，就算宰了它，也治不好你被社会道德咬的伤疤。

最简单的一种方式，避免与社会的道德相冲突，比卖弄与社会道德相冲突，就如同避免响尾蛇和地震一样。

我一辈子都在自己的胸口上竖着一个靶心，因此，社会道德对我来说就像暴雨中的雨伞一样。我顺着它，反而它保护了我。

一个人要做到内心强大，一定不可违背社会道德，这是保持内心强大的一个重要的方面。

第八章 内心强大的素质训练

从内心消除掉别人强大的错觉

一个人之所以要建立心理优势,在心理上强大,不单单是为了抵御外来的打击,更大程度上可以用来改变他人甚至整体事情的走向。不要以为单纯地依靠智力因素就可以决定事情的发展,心理的定势同样重要。

这里的心理定势是建立在所谓的气场之上去逼迫对手,控制对方情绪,以心理定势去主导或者控制事件的全部发展而不受制于人。

法国的利姆赞以生产肉牛闻名。这天,利姆赞的政府走进来一个脸色严肃的人,他直接找到利姆赞地区的最高长官特里。

"海关总局局长的一份文件,要求你们尽快收集一批牛肉,以满足军政部门的需求,运输到瓜德鲁普(瓜德鲁普是法国的一个海外省)。"这个脸色严肃的人说道,"另外,牛肉的价格水平要比当地市场的实际价格要低。"这个人又补充了一句。

特里自从坐到这个位置以来,从来没有过接受这种命令。而且这种命令明显是违背法律的。但面前的这个人的话听起来没有任何破绽,而且表情严肃,气场逼人。不过,身处官场的特里立刻冷静了下来,他认真地思考着这些话。

他没有直接给他答案,而是说了一个他刚刚看到的故事:

每天夏天,我和夫人都会去瓜德鲁普度假、旅游,那里的风景好极了。其中,在瓜德鲁普钓鱼是我最享受的事情。我个人非常喜欢吃奶油蛋糕。但是,我知道鱼的本性,它喜欢吃蚯蚓。因此,当我钓鱼的时候,我不会在鱼钩上挂上我爱吃的奶油蛋糕做鱼饵,而是挂上一条蚯蚓做鱼饵。这样,我恰好满足了鱼的需求。相信如果我挂上奶油蛋糕之类的鱼饵,肯定不会钓到任何一条鱼。

特里说完之后,发现那个人不断地抿着嘴唇。他知道,这个人在说谎。

两个月后,特里从一张报纸上看到了这个人被逮捕的新闻。

特里保持理智,从内心消除掉对方气场逼人的假象,识破了对方的伎俩。

一个人要想内心强大,一定要消除掉对方强大的错觉,只有将自己和对方站到了同样的位置上,让双方在心中同样高大,才能不至于在气场上输掉,在心理上输掉。

"不要把对手想得太强大",这是马云在赢在中国创业点评时说的一句话。

用空间理论来解释,一个人的内心空间是有限的,如果你把对方想得太强大,无形中你所占据的空间就会被压缩。最终的局面,是你昂着头和对方说话,底气自然会不足。这样,你在气势上已经输掉了。

　　说起电影，很多人都不陌生。特别是我们小时候，对一些武林大侠更是佩服得不得了，武功高强、英俊潇洒，锄强扶弱，行侠仗义。但是，我们长大之后，会对小时候的崇拜不以为然，因为我们明白，这些都是在表演，是经过艺术加工的。更直接地说，是装出来的。

　　因为在潜意识里，我们已经从内心消除掉那些强大的形象，而且对他们也不再感到神秘。他们已经被我们还原成一个普通人，和我们一样。

　　如果你对此没有清醒的认识，依然认为他们是多么的高大，或者说多么不可一世，这也只是出自你的认识，与他们无关。中央电视台那些主持人主持新闻联播的时候，字正腔圆，实际上这些都是装出来的，都是为了强调一种艺术效果。你从电视里面看到的东西，是已经被包装的。就像月饼一样，撕开外面的包装，里面就是一块饼，仅此而已。我们看到它大气的包装，认为肯定了不起，打开之后，露出几块常见的月饼，心理肯定会有一个明显的落差。

　　如果你能够认识到这一点，你就知道它们是在表演，它们所表现出来的那些东西，比如威严、高贵、强大等，实际上都是艺术表演，都是一种假象。

　　强大和高贵之类的东西并不是你面前实体本身所具备的，而是借助一定的表情、姿势、服饰等舞台效果包装出来的。也就是说，如果能够借助表情、姿势、服饰等舞台效果，你也能够做到，甚至还能做得更好。

一旦你意识到别人的强大是一种错觉,他们对你而言,所谓拥有的不可一世的力量就会消失。当你在心里有勇气这样说"你又来这一套啦!"你实际上已经有心理优势了。

相反,如果你把对方想得太强大了,我们连试一试的勇气都消失了,在别人面前,就会失去主动,处于别人走一步你看一步的境地,永远也不会超过别人。可以这样说,不是不会,是没有勇气超到别人前面去。

人的一生就是人表演自我的过程,但这个"自我"并非真实的自我,而是经过乔装打扮了之后的"自我"。这种"自我"源于生活,却高于生活。现实中,很多人是带着符号制作的"假面具"的表演艺术者。

这不能用社会价值观去衡量,所谓的"假面具"通常要与社会公认的价值、规范、标准相一致,否则便得不到观众的认可,更难赢得他们的喝彩。

英国作家艾洛特曾经写过一篇短小说,内容是这样的:

艾伦是一位中产阶级家庭主妇,她邀请自己的朋友来家里做客。为此,她认真地准备要举办的家宴,细致地挑选宴会上要使用的餐具。精心地打扫她的房间,让房间的每一个角落一尘不染。挑选合适的衣服,极为细致地梳妆打扮等。

这一切都在她的心中计划得天衣无缝。当然,这些努力都是表演,目的是想留给客人一个良好的印象,让客人觉得她是一位富有魅力、和善而称职的家庭主妇。

在宴会上,她热情大方地招呼着每一位客人,尽量避免单独和某人谈话而冷落了别的客人,注意对所出现的任何意外情况表现出宽容态度,极力掩饰自己的疲劳或对个别客人的不满情绪。

然而,这一切在客人们全部走光后,全部消失。

艾伦一反温柔贤惠的举止,用力踢掉高跟鞋,懒散地倒在沙发上,冲着丈夫大声地发泄着自己的不满。

看到了吗?这就是一个制造贤惠的事例。如果你是受邀而来的客人,你所看到的只是一个贤惠的妻子,这就是一种错觉。

生活中,所有的人都有这种表演的艺术成分。青年男女在异性面前,不遗余力地表现自己的才华与美貌;模特在镜头前卖力地表现最美的一面;下属在领导进来时尽量表现出忙碌的样子。这都是一种艺术。

想心理强大,一定要揭开这层艺术表演,从内心消除掉别人强大的错觉。

现实世界中,你不是菜鸟。在心里勇敢的跨出一步,不要把对方想象得太强大,这个社会不同情弱者,只尊重强者!

不畏惧竞争才能内心强大

先以两个小故事开题:

在一个普通的家庭里,电视里正在播放连续剧《西游记》的主题曲,听到蒋大为演唱的《敢问路在何方》时,一个两岁的小男孩心里充满激情,沉浸到音乐中。

歌唱完之后,小男孩略带几分挑衅地,对曾经做过文艺兵的爸爸说:我也会弹这个曲子。

小男孩的爸爸微笑着说:那当然,我的儿子是聪明能干的,是会弹这个曲子的。

在爸爸的鼓励下,这个小男孩坐到了钢琴前面弹了起来。说来也怪,虽然没有学过音乐,歌词也只听了一遍,小男孩却几乎把这首歌的大部分旋律都弹了出来,具有极高的天赋。

这个小男孩就是现在享誉中外的钢琴王子郎朗。

有一个小学美术老师,天天在家里备课。两岁的小儿子经常在一边默默地看着妈妈创作。

有一天,孩子看着看着,竟然跑过来去抢妈妈的画笔,也要画画。

小孩子明知自己不会画画,也明知妈妈知道他不会画画,但却突如其来地宣布会画画了。妈妈意识到,这正是孩子的好胜心、自信心的天然流露,是极其可贵的心理品质。

在妈妈的鼓励下,他开始"涂鸦",以后又兴致勃勃地学起画来。

这个小男孩，就是后来的日本漫画大师富坚义博。

开明的父母明白，要使孩子的心理彰显，最好的方法是激起竞争。这里的竞争不是钩心斗角的竞争，而是一种取胜的欲望。

在这个世界上，有人为胆怯、自卑所折磨，终生都在努力挣脱软弱无力的命运；有人想逃离这快节奏的生活，不想与快节奏的生活为伍，不想去占有什么，渴望什么；还有的人，喜欢过着与世无争的生活，被别人打了左脸，还把右脸伸过去，被别人扯掉了裤子，他再另外寻找一件遮体，却不曾想到抢回自己的东西。

所有这一切，都是因为心理弱小，缺少竞争意识。要想心理强大，应该多一些竞争意识。

自古就有这句话，"将相本无种，男儿当自强。"尽管当前的社会结构似乎已经定性，利益阶层正在事实上形成，似乎给后来者的机会越来越少了。但真正如此吗？

看看互联网、金融、生物科技这些新兴行业，看看台面上的80后的富豪。当然，富二代、官二代虽然更有钱，这是中国社会结构的产物，一个小老百姓似乎很难能够改变。但是，这些新生代的富豪们，并没有深厚的背景支持，更多的是靠自己的悟性与拼搏。

我们为什么不能够有这种不服输的竞争意识？或许是我们种种自卑导致的假面反应。的确，社会结构的很多东西是我们无法左右的，我们都觉得自己很愚蠢。

我们要在心理上有这种意识。我们不是一张白纸吗，与其蝇营狗苟地涂抹凌乱惨淡的色彩，不如大气自信地给自己涂上底色。记住,只有你自己才真正有权利在这张白纸上涂色彩。无论你处在什么环境,什么时间,面对什么人,外界的一切只能透过你的过滤系统进入到你心灵底色区。即使在乌烟瘴气之地,只要你的滤过系统足够强大,那么你遇到的灾难只会让你的心灵底色越发厚重,将来必然可以承载大任!

著名管理学大师德鲁克在他的笔记中记录了这样一件事:

1985年,日本进口车在美国市场的占有率节节上升,GM(通用汽车公司)已被很多人讥讽为廉价品,也就是到了真正山穷水尽的地步时,通用汽车公司考虑了我提出的方案。

GM的落后是各个环节都落后于日本汽车制造商,尤其是售后服务方面,一辆车需要花费四到五个小时的时间才能完全解决,总是不能完成指标。

我一直在考虑:怎么回事?像GM这样一个大集团,笼络了当时世界上能力最突出的检修师,不能使售后服务完成修理指标吗?

GM后勤保障部主任告诉我:他几乎用尽了所有的办法:利诱、激励,甚至威胁、开除的方法都用上了,但怎么也产生不了效果,检修的效率依旧低下。

这个时候,正好是中班结束,轮到晚班的工人前来。

我看到板报上写道:效率是企业生命力。

我擦掉这句毫无用处的标语,转身问身边的工人,你们这班今天检修了几辆车?工人告诉我,两辆车。

我在板报上写道:中班检修两辆汽车。

然后走开了。

次日清晨,早班工人上班时,看到了这块牌子,牌子已经改成了:晚班检修三辆汽车。

过了几天,我到检修部门查看的时候,发现板报上的数字改成了:晚班检修九辆汽车。

后来,检修部的负责人告诉我,每天上班前,工人最关心的问题是板报上的数字,他们热情地紧张工作。有天下午,早班的人下班之后,将板报上的数字改成了十,并唱歌表示庆祝。

不久之后,GM一度减少的市场份额,逐渐回升。

德鲁克的方法是什么?

方法很简单,激起他们的好胜心,这就是问题的全部答案。

人的潜意识中,有一种想"看到自己的价值"的倾向,这本身就是对好胜心的最好的激励。

每个人都会非常在意自己的存在、自己的价值是否得到了体现。想成为人上人,想让自己更牛,这就是好胜心。

不要说"我根本不想去与他争"之类的话,不要装清高。其实这不是清高,而是逃避。每个人都是特殊的个体,是独立的个体,都有自己的个性,不要听别人安排,也不要让别人驾驭,你应该自己驾驭自己。

如果你被别人驾驭,心里会有一种紧张和害怕,不但思想僵化,甚至还会走向堕落、失去竞争意识——自卑,胆怯是阻碍人们好胜心理强大的最严重的障碍。

人的潜意识层面都有争强好胜的一面，要好好地利用和发挥自己的竞争意识，而这正是你强大内心的关键所在。

激发自己的好胜心，能够产生一种向上的精神，这是一种非常有效的方法。要实现强大心理，需要激起竞争，当然不是钩心斗角的竞争，而是激起人性潜意识中求胜的欲望。

在人的心理世界，一旦形成适当的竞争意识，这种意识就会变成一个高效的自动运行系统，它让你的人生目标就像指令一般，自动运行系统就会给你完成这个目标。如果说自强和自信让你拥有了跑道和起点，那么竞争意识就是支配着你更快速地跑向终点。

竞争意识就是给自己灵魂深处设一个支点，撬起整个身体，发挥应有的力量。

用认知改变心理结构

美国著名心理学家雷蒙德接待了一位特殊的顾客。这个顾客的话很少，直截了当地对雷蒙德说："我是一个很自私的人，我的占有欲极强……"

雷蒙德端给他一杯水，说："你慢慢说，我听着呢。"

接下来，这个特殊的顾客滔滔不绝。他说自己是个势利的人，而且从来不会虚伪地掩盖,对一个穷人和富人的态度,完全不同。从根本上说,没有朋友,也很少有爱。他说他的妻子很漂亮,很有修养,但她只是他炫耀的商品。他没有同情心,不会给任何需要帮助的人,比如街头的乞丐一美分。他的商业头脑还算不错,精于理性盘算,能够把复杂的商业行情快速地简化到对他有利还是无利的范畴。他不相信命运,却相信运气和奇迹。对他而言,命运是一个让人沮丧的东西……

雷蒙德在自己的著作中写道:

这是一个复杂的人,他所有的症状都源于他弱小的内心,他的自卑。他为了缓解自己的自卑,需要很多外在的东西作为补偿。这种类型的人,有的依靠探究世界形势来生存,有的需要物质上的存在感,有的需要别人的注意力来证明自己的存在。而他,这些特征全部具备。

经过不断的努力,我终于找到了他这些症状的根——童年的一次心理创伤。

心理的创伤让他停留在认知层面上,让他自卑、痛苦的情绪遭到了压抑,就此形成了认知与情感的分裂。而这个特殊的病人,早已经忘记了那种情景,正常情况下,无法让头脑去战胜它们,因为认知与情绪已经无法协调。

为此,我引导他说起童年的事情,终于,在一次他被同伴抢走了玩具,同时被同伴嘲笑的平凡事情中,找到了病根。于是,我引导他不断回忆当初被压抑的情景,并且发泄出了本应是当初发泄的情绪,他的心结因此打开了。

他被同伴抢走玩具并被嘲笑的认知停留在心里,让他的认知一直停留在来自外界的侵犯以及无助的刺激中,一直停留在那个让他自卑、弱小的特殊情景中,一直被关闭起来,从来没有释放,导致与情感发生了分裂。

所谓的认知,简单来说,就是人的大脑从出生起就一直在接受外界输入的信息,经过头脑的加工处理,转换成内在的心理活动,再进而支配人的行为的过程。认知在心理上不断定格并被扩大、改进所积累。这种认知一旦建立,就会成为支配一个人某种行为的能量或因素。

心理学家奈瑟认为,一个人对外界刺激产生反应的过程,在有意识地控制、转换和建构观念的过程中,会不断地累积,形成一种构造。

简单地说,认知就是这样对行为进行影响的。由某刺激对象经过某些特殊的回忆,而回忆起目的对象,然后在某种目的的支配下,刺激特殊回忆的过程,进而兴奋中枢神经,使目的实现。特殊回忆一般是普通的回忆、推理等,而刺激对象一般为与某种刺激有关的事物。

举个简单的事例:

一个走上工作岗位的高材生,到网上去发泄心中的情绪。他觉得社会上的女士都太拜金,自己曾经追女孩子的方法根本起不到用途,写的情书意中人不愿意接收,写的情诗意中人说很肉麻,叠的千纸鹤被意中人嘲笑,尤其谈到房子车子的问题时,最感头疼。过去上学时,写情书、写情诗、叠千纸鹤总能起到很好的效果,可是自从走上了社会,这一套却不管用了。

究其原因,我们不难发现,承袭过去在学校时期的求爱方法,即使非常大胆地使用,可能也难以获得女士的芳心。认知结构在求爱中发挥着强大的作用,特别是良好的认知结构在求爱中更是必不可少的。

具体的环境、具体的人,应该与所处的环境相适应,这才能达到你想要的目标。写情书、情诗、叠千纸鹤在学生时代是相当普遍的现象,但走上社会,当认知结构又上了一个层次,使用这种方法可能会出现挫折,这种观念挫折可能会造成自信心的丧失,甚至造成对对方、社会价值的失望。

进入社会后,应该改变校园时的模式,用一种符合社会的模式进行,才能做到针对性。

要做到在认知中将情绪、情感带入心理结构,首先需要认知。

以雷蒙德著作中的事例为说明对象。首先,要想象一下在生活和工作中有哪些人或者事让你心理弱小。比如事例中的人,小时候被同伴抢走了玩具,同时被同伴嘲笑,心理产生了严重的震慑,发生了扭曲。"被别人抢走玩具,被别人嘲笑"这种认知在心里不断发酵,直到他有能力去洗刷当初受的屈辱的时候,他需要抢走别人的"玩具",嘲笑别人来补偿。要克服这种心理症状,需要仔细回忆当时的情景,而且思考一下你为什么会被震慑。

看到这里,你或许已经明白出现这些症状的原因了。然而,继续思考,为什么会这样认知呢?这是社会的价值排序导致你这样思考,而你已经不知不觉地屈服于这样的社会价值排序了。现在,你是否意识到,你心理弱小是由你所屈服的这个社会价值排序导致的。

当你抢走了别人的玩具、嘲笑别人,别人如果也屈服这种社会价值排序,会有其他人再被抢走玩具。人作为人是独一无二的个体,这本身就逻辑地设定了人的价值是会相互传递的。而你居然用这种没有任何理性支持的社会价值排序来惩罚自己,是不是很可笑?

再次,转到让你心理弱小的环境中,在微笑中"面对"让你心理弱小的人,面对让你心理弱小的社会价值排序。你已经知道这一切都是那个让你曾经屈服的社会价值排序设定的。那么,你就要洞悉和感觉到这一点:那些让你自卑的东西,都是一种社会价值排序,一种道具而已。你需要做的就是蔑视它。

接下来,你需要做的是,思考自己在看透这种社会价值排序之后,应该继续做些什么去提高自己的心理素质,忘记曾经让你心理弱小的事情,将自己带回当初的情景,让你的心理与当初的认知一致,这样你的内心冲突就消失了。而内心冲突消失了,你的症状也就消失了。

静坐常思的人遇事冷静

有一种平衡心理的方法，是静坐常思，用多思考的方式去分析产生的原因。

现实中，我们做了一件事情引起消极的情绪时，为了消除内心的痛苦，我们需要寻找理由去安慰自己。这种理由可以是主观的，也可以是客观的。同时追问自己，不找理由的后果是什么？当出现合理化、理智化的理由之后，你内心的消极情绪就会被释放出来，而不会让你心理变态。

有句俗语：不叫的狗与平静的水是最可怕的，因为你无法捉摸，无法捉摸不叫的狗在想什么，无法捉摸平静的水面下隐藏着什么，让人心底产生一种不确定的恐惧感，这才会让对方产生恐惧情绪。

《黔驴技穷》的故事大家都听说过。当驴子不叫的时候，老虎只能远远地望着，因为没有见过，对这样一个庞然大物感到畏惧。当驴子叫的时候，老虎已经不那么害怕了；当驴子踢的时候，老虎已经完全不害怕了。

驴子就那么一叫一踢，露出自己全部的家当，被老虎知根知底，结果就被老虎一口咬死了。

被别人知道底细、了解底细，该是一件多么可怕的事情，因为你随时都有可能成为他口中的一顿可口的晚餐。

现实中，很多人就和那只驴子一样，迫不及待地亮出自己的全部家当，滔滔不绝，想通过这种方式引起别人的注意，结果往往恰恰相反。滔滔不绝是一种心理弱小的表现，因为只有通过滔滔不绝，才能克服内心对不确定性的恐惧感。一旦他停下来，心里就会恐惧别人忽略他，忘记他。

很多人都知道，与你仅有一面之缘却被你看透的人，你会觉得索然无味，因为说的话太多。而一直保持安静的人，你不仅仅对他印象深刻，而且产生了探寻他的愿望——人的好奇本性。

一个内心强大的人，是不会通过这种方式表现自己的。恰恰是一个心理弱小的人，才会使用这种方法，证明自己的存在，去消除内心对不确定性的恐惧感。

用这种思考的方式，去处理遇到的棘手事情。我举一个事例。

不久前，我的电脑需要配置一个光驱，但对光驱一窍不通，想购买却又怕吃亏。

我到了中关村电脑商城，先到了第一家店，一样一样地看。

老板走过来，问我想买些什么，我笑了笑，指了指光驱。

老板不得不主动介绍，"你看看三星怎么样？进口的。"

我找了个借口退了出来，接着走进另外一家，进去转了转。老板问我想买什么，我说，想看一下三星的光驱。老板立刻给我拿出几件，我一样一样地看，依旧是不说话，同时在思考怎么办。这时候，老板看我正端详其中一样，说："韩国三星外置DVD刻录机，效果很好。"

我找了个借口，跟着又出来了，进入下一家店，才进门就问："有没有三星外置 DVD 刻录机?"

老板赶紧把我带过去,一样一样地介绍。看我正看着其中的一个,介绍说:"三星 SE-S084F,8 速,支持从 USB-CDROM 启动……"

接着我走进了下一家,这次进门就直接问:"老板,这里有三星 SE-S084F,8 速,支持从 USB-CDROM 启动。"

相信此时我在老板看来,一定是个行家,赶紧把我介绍过去。我说:"什么价格?我可是比价,你开,我不还价,但是如果贵了,我转身就走。"

老板说了一个价格,我要求降低,老板没有同意。

我拿着老板开出的价格,去了别家,综合比较之后,买了一个光驱回来。

相反,如果我心急,想证明自己如何懂行,一进门就问:"老板,我买个光驱,要好一点的。"

相信老板立刻就能看出我是外行,碰上奸商,肯定会狠狠地敲我一笔。

用静坐常思的方式去学习,学会了,心理弱小的问题就解决了。

在生活中,要懂得什么时候该用嘴巴,什么时候不该用嘴巴。尤其是当你没有把握,对事情不确定的情况下,为了消除内心对不确定性的恐惧,一定要让对方先说,从对方的话里探虚实。真正有能力的话,往往是那些一张嘴就显得很懂行的人,而那些喋喋不休的人,往往是无法做出决断的。

艾迪·伯德上任两个月以来,每天早早地到办公室,然后下到车间,和技工交谈;接着到市场,一观察就是一个小时,和顾客交谈……在公司里,没有召开过一次会议,没有发布过一条命令。

他的助理埃文斯实在沉不住气,旁敲侧击:"你刚来的时候,我为你整理了一份公司的文件,可是你两个月以来都没有动过,为什么?"

艾迪·伯德回答说,"两个月都没有看,是我没有做好准备看,当我做好了准备的时候,公司就开始踏上另一条路。"

果然,第二天,新来的董事长艾迪·伯德召开了大会,发布了四项措施,废除了原来的事项制度,撤掉了三个部门,扩大了市场部门,提拔了四个技术员。

半年之后,公司员工的奖金翻番,所有的人都对他佩服有加。

艾迪·伯德没有在上任之初张开嘴巴,没有暴露自己的意图,因此能让公司顺利发展。

嘴巴上的无作为,并不代表大脑思维上的无作为。正相反,精髓思想的产生,正是来源于那看似静坐的思考过程。

生活中,很多人心理不够强大,为了占据主动,先入为主,先发制人,将并不成熟的思想,过早地说出来。这样,则失去了进一步思考、提高的机会,使本来可能很有价值的想法,随口溜走了。

相反,对于一些心理强大的人,他们冷冷地听着你滔滔不绝,除非是在听上司的训话。如果两个人站在平等的地位上,他不讲话,就显得高深莫测,成了"你在明,他在暗"的局势。

另外,他已经知道了你的动机、出发点,而你却对他丝毫不知,这样你更有压力,因为你抓不住他,你对不确定性的恐惧性更加严重,不知道他怎么想。他就像表面平静的水一样,下面有多少激流暗涌,你根本无从得知。

林肯说:"强大的人最擅长伪装,就像是一只狗一样,它微笑地看着你,你却不知道它的动机是什么。直到它咬到了你,你才意识到:哦!它在思考着如何攻击我。擅长伪装的人很讨厌,但我愿意做这样的人。"

在面对不确定性恐惧的时候,要保持理智,只有理智地面对,才能够有更好的办法克服内心的不确定性。

理智地面对一切,是人生的一大智慧。

学会心理博弈

心理强大的训练过程,离不开心理博弈。心理素质的强大与否是在与人沟通过程中才能体现出来的,不是说强大就强大说弱小就弱小的,必须要在与人沟通的过程中体现出来。

好比,你说你自己的能力很强,但却从来没见你发挥出来,这无法证明你的能力强,只能说明你在吹嘘。相反,你说你能力一般,但在一些重要时刻总能运筹帷幄,指点江山,像救世主一样,这才是真正的有能力。

同样,心理强大与否也需要在与人沟通的过程中体现出来。

我听说过这样一件事:

有个年轻漂亮的女士,善于交际,精通文秘工作,被破格提拔为副处长。她为人坦率没有心计,也无暇去防范身边一些小人算计自己。因此,常常遭人暗算。前不久,女领导干部进行竞争上岗考核,她大显身手,取得卓越的成绩,本来很有希望入选。就在这个关键时刻,谣言四起,说她与领导有染,而且传得有鼻子有眼,气得她跳楼自杀,结果酿成了"香消玉殒"的悲剧。

同样,网上有一条新闻:

一位积极工作不找借口的敬业人,将要晋升加薪,却在黑夜中遭小人暗算,左右眼失明,失去他热爱的工作。每当谈起这件事,他气愤地说:"小人虽然锒铛入狱,可我成了残疾人了。不恨天,不恨地,只恨身边的小人太猖狂,太恶毒呀!"

为什么会有这样的悲剧?原因很简单,他们的心理弱小,承受能力低。

美国社会学家布洛维说:

一个人的成功,15%属于专业知识,85%靠人际沟通和处事技巧等综合因素,其中,心理素质在沟通和处事技巧方面占有很大一部分。因为,社会是由众多的人编织而成的网络,这个网络上的每一个结都存在利益交织。利益交织的过程就是心理博弈的过程,心理素质强弱，直接决定了你所得的利益多少。

刘邦是个猜忌心极重的人，诸将如淮阴侯韩信、淮南王英布、梁王彭越等，无一不受到他的猜疑和嫉恨，有的甚至被迫走上了谋反的道路。就连与他交情最为深厚的萧何，也因屡屡受到猜忌而终日战战兢兢。韩信被杀害之后，萧何因功进位为相国，加封五千户。群僚都向他道贺，只有当年的东陵侯召平反对。

召平对萧何说道："你将从此惹祸了！"

萧何大吃一惊，忙问原因。召平答道："他连年在外面征战，只有您安然地居守都中，没有遭受兵马战乱之苦，现在反而被加封食邑。这在名义上是看重你，而实际上是对你不放心。你想，韩信有百战百胜的功劳，尚且被杀，难道您的功劳能赶上韩信么？"

萧何急忙问道："说得很对，不过有什么计策能让皇上对我放心呢？"

召平道："你不如不接受皇帝这次的加封，再把家里的私财全部拿出来，交给皇上，充作军需。这样，才有可能免祸。"

萧何点头称是，照此办理后，果然讨得了刘邦的欢心。

刘邦在外平复战乱期间，萧何仍然留在关中督运粮草。刘邦屡次问押运粮草的官员，说是相国近来都在做些什么事情。押运官答称他无非是抚恤百姓、措办粮草军械等等，刘邦听了，默然不语。

押运官回到关中后，把这一情况报告了萧何，萧何也猜不透刘邦这样做有什么深意。一天，他偶然与一位幕僚谈起此事，这位幕僚忽然说道："你不久可就要灭族了！"

萧何一听，大惊失色，吓得连话都说不出来了。幕僚又说道："你位至相国，功居首位，此外不可能再给你加封什么了。皇上屡次问你在做什么事情，显然是怕你久在关中，深得民心，一旦乘关中空虚，号召百姓起事，据地称尊，就会使皇上无处可归，前功尽弃。现在，你不察皇上的意思，还要孜孜不倦地为百姓操心，这是徒增皇上的疑忌！疑忌越深，祸来的也就越快。在这种情况下，你不如多买田地，而且要逼着百姓们贱卖给你，使得民间诽谤您，怨恨你。这样，皇上听说之后方能心安，而您也可以保全家族了。"萧何认为这位幕僚的话很有道理，当即采纳施行。

押运官回到前线后，把萧何国强买民田而致谤议的情况报告了刘邦，刘邦果然很觉宽慰。不久之后，淮南平定，刘邦回都养伤。到萧何前来问疾时，才把谤书交给萧何，叫他自己向百姓道歉。萧何或补上田价，或把田宅干脆还给原主，谤议自然也就渐渐停息了。

萧何在与刘邦的心理博弈之中，占得了上风，终于免除杀身之祸。

生活中，处处需要心理博弈，谈判桌上的唇枪舌剑；权力斗争中的尔虞我诈，仕途官场中的现身与隐退，每一次策略的选择，每一次进退的决断，都有其必然的原因……一旦博弈中任何一方的心理发生变化，处于强势的一方就有可能抛弃诚信，追求自己利益的最大化。这就是西方人所讲的，没有永恒的敌人，也没有永恒的朋友，只有永恒的利益。

在追逐利益的过程中，就注定了你不能割断与社会、与他人的联系。因此，如何做一个受人欢迎、受人尊敬，且事业畅通、家庭和睦、朋友众多的人，就成为每个人都必须思考的问题。这就需要你藏点"心机"，擅长与人合作，制造成大事的"靠山"；还需懂点"谋略"，编织成大事的"人脉网"；还要善于韬光养晦、隐中求胜。只有这样，才能使你在社会上找到名誉，在政治上找到地位，在经济上找到财富，在事业上找到成功，在爱情上得到美满，在人生中找到幸福。

社会上，与人打交道的过程中，"知人知面不知心"。我们在社会上求生存，求发展，必须和各种各样的人打交道，谁也不知道与我们相处的人，到底是一个什么样的人。也许正是因为我们往往会被对方的外表迷惑，挨刀也就在所难免了。但是，要在这个复杂的世界里，生活得如鱼得水，至少是能平平安安，就需要"心眼"，留心一些会伤害你的人。一旦接触到这样的人，你就要提高警惕，处处留心。

另外，一个人总要扮演一个或多个社会角色。每个人的角色不同，那么他或她就会有自己的特殊的心理，也就必然会怀着这种心理对待生活、事业、爱情。如果你的心理不够强大，则不能成功地面对每一个你面对的人。社会上，为什么有些人就是比其他的人更成功，赚更多的钱，拥有不错的工作，就是因为具备一颗强大的心脏，充当多面手，灵活面对每一个与之打交道的人。

每个人都有成功的资本，这种资本需要心理与生理共同完成。心理是隐藏着的，它难以被发现被认知却具有巨大的应用潜力。我们每个人都应该尽量去发掘这种认知的力量，发现自己能够借以改变命运的资本，并运用它们去创造自己成功的未来。

用自信的心态去观察一切

要做到心理强大,保持自信是必不可少的。自信不是只信自己不信他人,而是建立在了解自己的基础上,最大限度地阻止他人的言语和行为进入你的心理。

这里,插一句话。曾经有个朋友对我说,他的自信建立在金钱之上。可以说,只有金钱才能构成他的自信,才能让他心理强大。我没有否定他,经济基础决定上层建筑。一个身无长物的人,是无法拥有基本的自信的。可以说,自信需要一定的条件,一无所有的自信是虚空的,经不起任何的打击。当然,金钱并不是一个人具备自信的唯一条件,能力、智力、认知都是构成自信的条件。

在生活中,无论什么时候,无论什么地方,人们总是要受到来自他人行为或者语言的影响,这种影响或者积极,或者消极。

1767年英国召开国会,制定向北美殖民地征税的法案。当时,殖民地人民正在抗议无理捐税。在提案过程中,议员帕克发表了他著名的关于殖民地征税与自由的法案时,他说:

自由是上帝赋予他的子女的最神圣的权利,不过每个人因为环境的不同需要自由的目的不同而已。我的这份提案是代表美洲的每一个上帝的子民,他们要求言论和出版的自由、信仰的自由。这不仅是为抗议捐税而提出的,更是为日不落联合王国而提的。

美洲的子民,有些人只要求言论和出版的自由权利;有些人只要求拥有可以用任何方式，在任何地方，崇拜上帝的自由权利；还有些人认为，对于政府的开支不能说一句话的，就不拿出税款。

对此，我们需要颁布更为合理的征税法案，根据美洲子民不同需求而提出法案……

这份提案尽管在提出之时，得到了很多议员的拥护。然而，由于其后C·唐森德的法案，这个提案遭到遗弃。

帕克的提案遭到了否定，他的助手爱德华多也开始对提案表现出不自信。帕克没有说什么，而是找到一个机会。

这天，帕克关于一个地名，征求爱德华多的意见。爱德华多看了一下，说："显而易见，这是一个小镇，我前天刚刚从那里经过。"

帕克说，"可是我问了几个人，他们都是否定的答案。"

这个时候，帕克将这几个人叫过来，他们都给出了否定的答案。

帕克说，"现在轮到你了，爱德华多。这到底是不是一个小镇？"

前面几个人也都偏过头来，看着爱德华多。

"这个……""是"这个字在爱德华多的舌尖打转，却怎么也说不出口。

其实，答案是什么并不重要，但已经看得出，爱德华多受到了周围人的影响，没有顶住他们给的压力，开始变得不自信。出于不自信的心理，他改变了自己的初衷。

这里，爱德华多开始的答案没有任何问题。在这里，爱德华多是实验品，这个实验的结果是，爱德华多定力不足。

帕克说，"那个议案没有任何问题，我们还是继续完善这个问题吧!"

C·唐森德的法案遭到了反对,引起了独立战争。

帕克是自信的,能够做到用理智的心态去观察一切。

我们谁都没有资格去嘲笑爱德华多,因为他就是现实中我们的真实写照。如果我们的内心不够强大,很容易受到来自外界的行为和言语,干涉我们的判断。

不能怪他们的行为或者言语让我们变得不自信,而是我们的内心不够强大。建立在强大心理的基础上,我们才能阻断一切外来的言语和行为。

如何让一个人变得自信,要做好以下几个方面。

(一)发现自己的优点,学会欣赏自己。

"天生我材必有用"这句话证明了每个人都有自己独特的价值。要发挥出这份价值,需要发现自己的优点,学会欣赏自己,这点很重要。

我曾经问过一些人,要求他们说出自己的优点。出于中国人传统的谦虚美德,有人说没有优点,也有的人根本就不知道自己的优点是什么。

现在要求你说出自己的优点,不要谦虚,然后将你自己归纳出来的优点整合到一张纸上,再根据周围的人对你的评价,让他们写出你的优点,看两者有多少是吻合的。

当然,不排除一种现象,生存的压力和快节奏的社会生活,磨平了很多人身上的棱角。让他们追求金钱,失去了自己的特长。这方面,你一定要找回当初的棱角,这是认识自己优点的前提条件。

有些人说自己没有优点。其实,不是你没有优点,而是你没有发现。这正像世界上不缺少美,而是缺少发现美的眼睛一样。如个人专长、爱好、韧性、坚持的好习惯等等,都是优点。找出优点,就要欣赏自己的优点,然后才能树立信心。

在这里给大家分享一个小老鼠找到自己优点,从而变得自信的故事:

有一只小老鼠,他非常崇拜天,它就去拜访苍天。

"苍天,你真伟大,什么也不怕。"苍天说:"我怕云,一片云彩就把我遮住了。"

小老鼠又去拜访云,云说:"我怕风,一阵风就把我吹散了。"

小老鼠又去拜访风,风说:"我怕墙,一堵墙就把我挡住了。"

小老鼠又去拜访墙,墙说:"我最怕老鼠,因为一只老鼠就能毁掉我。"

最后,小老鼠终于发现了自己的优势。不能驱散云,不能挡住风,但能毁掉墙。

这个故事告诉我们,每个人有每个人的优势。只要善于发挥自己的优势,就能做最好的自己。若不然,你不会连一只老鼠都不如吧?

(二)要肯定自己的能力。

美国哈佛大学心理学教授霍华德提出的多元智能理论,包括:语言智能、数理逻辑智能、音乐智能、空间智能、肢体运动智能、人际关系智能、自省智能、自然观察智能。霍华德教授强调的是:

每个人都有这8种智能的可能性。这8种智能在每个人身上都表现出不同的形态。

这种多元智能理论，每个人都可能具备多元智能中的几种，自己具备的智能就是自己的能力所在。当然，每个人都不可能十全十美，但一定能够具备这8种智能。

比如，有的人说自己口才很差，大舌头，声音不好听，说话声音不清。或许你不具备语言方面的智能，但你可能具备肢体运动的智能。关键是如何发挥自己的智能，经营自己的长处，发挥自己实践操作的能力，这是很重要的。

世界上没有两片完全相同的树叶，但每片树叶都能为大地添绿增色。人类中没有人拥有完全类似的人生，但每个人都能在自信的基础上，创造人生的辉煌。

或许你的实际操作能力不行，但你的逻辑思维能力非常强大，这是做领导必备的一种能力。你做不了冲锋陷阵的将军，却可以当运筹帷幄的军事家。为什么不能给自己一份自信呢？

（三）积极的心态

一个自信的人，要经常自我暗示，用积极的心理暗示自己，"我行""我能"，"我能做到"，因为积极的心态有利于建立自信，重塑自我，正确思考。

爱迪生的故事大家耳熟能详，已经成为一个被用烂的事例，但偏偏有人不相信自己能够成为爱迪生。他曾经试用过1200种不同的材料做白炽灯泡的灯丝，都没有成功。有人批评他，"你已经失败了1200次了。"可爱迪生不这么认为,他充满自信地说:"我的成功就在于发现了1200种材料不适合做灯丝。"如果我们遇事都这样想,采用这种积极的思维方式,哪里还会有烦恼,哪里还会有心理弱小呢?

一个人只有自信,只有心理强大,才能够实现自己的价值。正如一位名人所说,不是因为有些事情难以做到,我们才失去信心,而是我们失去了自信,有些事情才难以做到。